U0167871

〔日〕铃木忠　著

陈朕疆　译

地表最强
熊　虫
不可思议的
缓步动物

商务印书馆
The Commercial Press

2020 年·北京

涵芬楼文化 出品

插画1　藏身于苔藓的各种熊虫。

［Marcus, E., *Tardigrada*, in H. G. Bronn (ed.), Klassen und Ordnungen des
TierReichs, Bd. 5, IV-3, Akademische Verlagsgesellschaft, Leipzig, 1929］

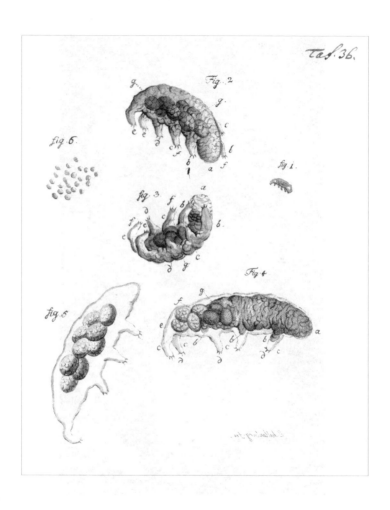

插画2　米勒所绘的熊虫，壁虱（*Acarus ursellus*）。

（Müller, O. F., Von den Bärthierchen, *Archiv zur Insektengeschichte* 6: 25-31, tab. 36, Zürich, 1785）

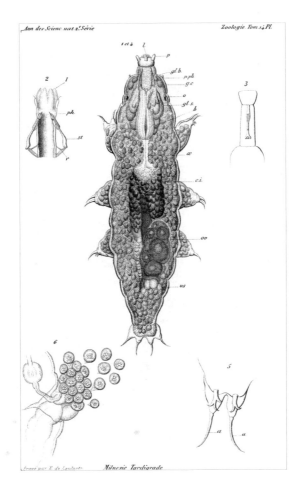

插画3　杜瓦耶尔所绘的缓步米氏熊虫。

（Doyère, L., *Mémoire sur l'organisation et les rapports naturels des tardigrades*, et sur la propriété remarquable qu'ils possèdent de revenir a la vie après avoir été complètement desséchés, Paul Benouard, Paris, 1842）

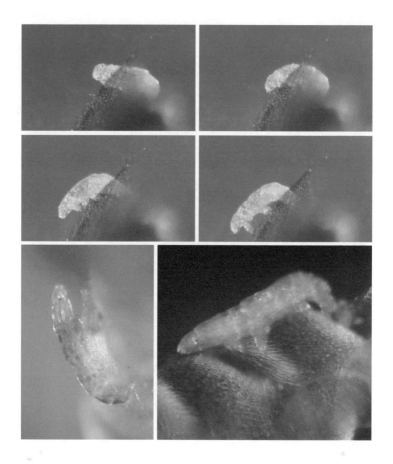

插画4

（上）形似"白熊"的熊虫，体长约0.3毫米。

（下）缓步米氏熊虫，体长约0.6毫米。

［下排右图取自 Suzuki, A. C., Life history of *Milnesium tardigradum* Doyère
(Tardigrada) under a rearing environment, *Zoological Science* 20: 49-57, 2003 ］

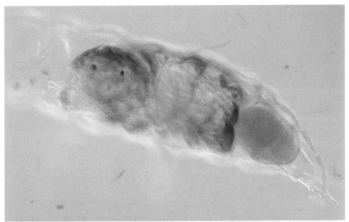

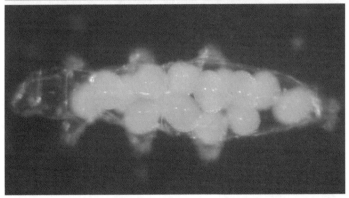

插画5

（上）刚产下一颗卵的缓步米氏熊虫妈妈正看着镜头，卵已开始分裂。

[Suzuki, A. C., Life history of *Milnesium tardigradum* Doyère (Tardigrada) under a rearing environment, *Zoological Science* 20: 49-57, 2003]

（下）缓步米氏熊虫的皮蜕内挤着15颗卵。

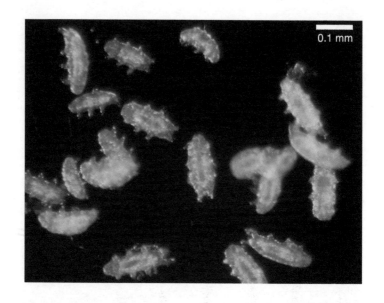

插画6 于日本八岳连峰采集到的亚棘甲熊虫（*Hypechiniscus gladiator*，左）与未有记录之熊虫种类（黄色熊虫，右）。

插画7 第八届国际熊虫研讨会的标志是一种外形华丽、栖息于海底的熊虫，华丽熊虫（*Tanarctus bubulubus*）。（此标志是由丹麦哥本哈根动物学博物馆的插画家比吉特·鲁巴克所制作，资料由R. M. 克里斯滕森教授提供）

中文版推荐序

　　缓步动物早在1773年就被发现了，至今已有两百多年的历史。然而它们却一直默默无闻，除少数研究它们的科学家之外，很少有人知道它们，原因有二：一是它们非常微小，体长小于1毫米，肉眼观察只是一个小点，多数种类身体白色，也有一些淡黄色、绿色、墨绿色或红色的种类，常生活在苔藓中，不容易被发现；二是这类动物虽然独列一门（缓步动物门Phylum Tardigrada），种类却非常少，至今只发现了大约1200多种（含亚种），和节肢动物门的种类数相比简直微不足道。

　　由于缓步动物门只是动物界一个很小的门类，过去一直未列入大学动物学教科书，所以在过去的很多年中，即使是生物学专业毕业的学生也未必知道这类动物，缓步动物门出现在大学教科书中也只是最近几年的事情。欣慰的是，这种情况正在改变。缓步动物以隐生现象著称，这一现象在近几年再次引起人们的关注。对缓步动物感兴趣的不仅仅只是科学家，越来越多的非专业人士，特别是青少年对它们的兴趣越来越浓厚，一些网络媒体也以空前的热情对缓步动物做了大量的介绍和报道，缓步动物一时成了"网红"动物。

然而，媒体上对缓步动物的介绍并不全面，且时有言过其实的表述，误导了许多读者。鉴于此，一本由从事缓步动物学研究的专业人士撰写的介绍真实的缓步动物的科普书的出版势在必行。《地表最强熊虫》一书的诞生正当其时。2006年，在意大利西西里岛卡塔尼亚市举行的"第十届国际缓步动物学研讨会"上，我有幸见到了本书作者，日本庆应义塾大学生物学系的铃木忠（Atsushi C. Suzuki）博士，并先后拜读了他的几篇有关缓步动物学的论文。铃木先生是一位严谨的学者，这从他的著作中就能看出来。

当时，本书的日文版初版正在付印，而他的几篇论文的主要内容在这本书中都有提及。

这是一本适合一般读者阅读的缓步动物科普图书，书中较为全面地介绍了缓步动物的外部形态、内部结构、生活习性、研究观察方法和相关背景知识等，内容丰富，图文并茂，通俗易懂。全书更像是在讲一个故事，内容真实而有趣，虽无多少新奇和悬念，却能引人入胜，或许这正是一个优秀科普作品应有的品质。此外，本书还可以当作一本缓步动物学实验指导教材，喜欢实验的读者完全可以在它的指导下自己动手进行实验观察，相信会有更大的收获。

陕西师范大学生命科学学院

李晓晨教授

目 录

本书是日本第一本为一般读者写作的熊虫书籍。

"熊虫是什么啊？"可能很多人会这么想，或许有些读者会抱持"看完这本书，应该找得到答案"的想法翻开下一页，但看完整本书，有些疑惑可能仍无法解决。的确，熊虫就是这么不可思议的生物……

我们常听到许多与熊虫相关的传言。

熊虫被称作"地表最强的生物"，不管怎么玩，它都不会被玩死。把熊虫置于干燥的环境，它会变成酒桶状，而且可以活到一百年以上。不只这样，这个"酒桶"在非常极端的环境下也不会有事，例如−270℃的超低温，或是150℃的高温，甚至用射线辐射、用微波炉加热，熊虫都能活得好好的。

这些传言就像都市传说，常被人们提起。对于从来没听过熊虫的人来说，他们不晓得这究竟是严肃的生物学课题，还是披着科学外衣的谣言，因此对这种传说中的生物半信半疑。

我就不再卖关子了，简单来说，地球上确实有种生物叫作熊虫，它确实具有不可思议的求生能力。熊虫与地球上各式各样的生物生活在一起，低调而不为人知。熊虫的秘密，将在这本薄薄的书中一一揭露。

本书第一章将简单介绍熊虫的基本知识；第二章借由我所研究过的某种熊虫的生活史，说明这种动物的生存模式。本书的后半部则会解释"熊虫传说"是怎么一回事。第三章从我研究熊虫的初期发现切入，说明这种传说中的生物如何被人类注意到；最后的第四章则会详细解说熊虫的特殊能力，阐明我们目前已了解的部分，以及尚待研究的问题。

接下来，让我们一起进入神奇的熊虫世界吧！

第一章　熊虫是什么？

　　本章将简单说明熊虫的特性。如果你对熊虫已有一定的了解，不妨趁机复习一遍相关知识。

熊虫是"虫"吗？

　　熊虫是一种小小的生物，但不是昆虫，也不属于节肢动物。若不使用显微镜观察，肉眼看起来只有沙粒那么大。最大的熊虫只比1毫米大一点，而大部分熊虫的尺寸都介于0.1毫米至0.8毫米。

熊虫是什么样的生物？

听到要用显微镜观察，一般人可能会联想到微小的浮游生物，但是有八条腿的熊虫却能悠悠哉哉地爬行，而且熊虫的腿不像昆虫有"节肢"。若不计较腿的数量，熊虫看起来就好像熊，一步步缓慢地爬行。以宫崎骏的动画作品来比喻，熊虫长得就好像《龙猫》的龙猫公交车，只是腿的数量没那么多，当然，熊虫也不像龙猫公交车跑得那么快。另外，熊虫也像《风之谷》的王虫，身上披着坚硬的铠甲，不过熊虫的速度远逊于王虫。请参考本书最前面的彩页插画，自行想象熊虫移动的样子吧！

熊虫在动物界的地位

熊虫在分类学上属于缓步动物门，这个"门"里面的所有生物皆称为熊虫，而人类则是属于脊索动物门。脊索

动物门包括没有脊椎骨的文昌鱼、海鞘等，以及拥有脊椎
骨的脊椎动物，例如七鳃鳗、鱼类、鲵、青蛙、蜥蜴、龟、
恐龙、鸟、哺乳类等。缓步动物门与脊索动物门在分类学
上的地位相同，而缓步动物门皆由熊虫类的生物组成。表1
列出了人类与缓步米氏熊虫在分类学上的地位，由此可见
两种生物分属于哪类。

表 1　在动物界的地位（以人类与缓步米氏熊虫为例）

脊索动物门 CHORDATA	缓步动物门 TARDIGRADA
哺乳纲 Mammalia	真缓步纲 Eutardigrada
灵长目 Primates	离爪目 Apochela
人科 Hominidae	米氏熊虫科 Milnesiidae
人属 *Homo*	米氏熊虫属 *Milnesium*
智人 *Homo sapiens*	缓步米氏熊虫 *Milnesium tardigradum*

熊虫的身体结构

为什么熊虫会独立成一个"门"呢？这是因为熊虫与

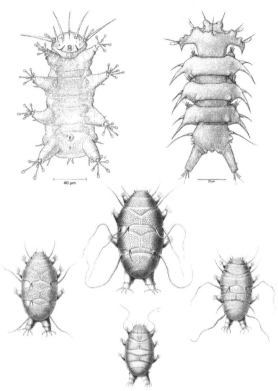

图1　异缓步纲的熊虫。

（左上）诺氏铲足熊虫（*Batillipes noerrevangi*）。（R. M. 克里斯滕森教授提供）

（右上）*Parastygarctus robustus*。（J. G. 汉森提供）

（下）四种棘熊虫。（改自 Richters, F., Arktische Tardigraden, *Fauna Arctica* 3:495-508, Tab. 15-16, 1904）

其他动物在身体结构上有很大的差异。包括头部，熊虫共可分为五个体节，腹部有神经系统，四对附肢没有关节，不过末端有爪状或吸盘状的"手指"。

根据身体结构的特征，可再将缓步动物门分成异缓步纲、真缓步纲、中缓步纲。

异缓步纲的熊虫，体表通常有各式各样的侧丝或棘刺（图1），这些构造通常被认为是感觉器官。海中的熊虫几乎都属于这个纲，而它们在陆地上的同类，则都有如铠甲般坚固的装甲，包覆着身体（图2）。

真缓步纲的熊虫，体表则不像异缓步纲有那么多侧丝与棘刺，它们的体表大多光滑（图3）。虽然有些真缓步纲的熊虫体表也长满刺（图4），但没有异缓步纲的特征——口器旁的口须和头乳突，所以根据这一点可以很容易分辨两者的差异。另外，真缓步纲熊虫的卵相当特别，美丽的纹路就像精致的雕刻作品，研究者时常借由卵的形状来分辨不同种类的熊虫（图5）。真缓步纲的熊虫几乎都栖息于陆地或淡水，其中有少数种类被认为在进化的过程中曾从海洋爬上陆地，后来又回到海中。

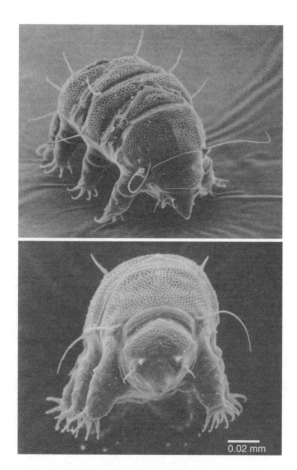

图2　棘甲熊虫（*Echiniscus spiniger*，异缓步纲）。
（扫描式电子显微镜照片，D. R. 内尔松教授提供）

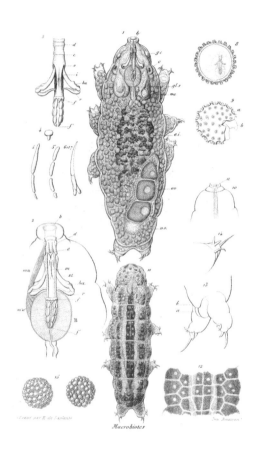

图3　真缓步纲的两种熊虫，右上与左下为卵的示意图。

（Doyère, L., Mémoire sur les tardigrades, *Ann. Sci. Nat.*, sér. 2, 14: 269-361, 1840）

图4　秀丽高生熊虫（ *Calohypsibius ornetus*，真缓步纲）。
（扫描式电子显微镜照片，D. R. 内尔松教授提供）

图5　大生熊虫属（*Macrobiotus*，真缓步纲）外形美丽的卵。

A　哈氏大生熊虫
　　（*Macrobiotus harmsworthi*）

B　胡氏大生熊虫
　　（*Macrobiotus hufelandi*）

C　托氏拟大生熊虫
　　（*Paramacrobiotus tonollii*）
　　（扫描式电子显微镜照片，
　　D. R. 内尔松教授提供）

A　　B

C

　　"中缓步纲"的熊虫，形态介于异缓步纲和真缓步纲之间，目前只有一个物种（图6）。这类熊虫仍是个谜，因为自从1937年德国人拉姆[1]在日本长崎县云仙地区的温泉发现这个物种之后，再也没人看过它们，也没有任何标本被保存下来。

熊虫名称的由来

　　世界上第一篇关于熊虫的文献记载是以德文写成的，文中以Kleiner Wasserbär称呼这种生物，意为"小小的水熊"，英文

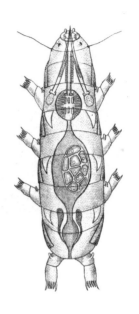

图6　*Thermozodium esakii* 温泉熊虫（中缓步纲）。（Rahm, G., Eine neue Tardigraden-Ordnung aus den heißen Quellen von Unzen, Insel Kyushu, Japan, *Zool. Anz.* 120: 65-71, 1937）

1　吉尔贝特·拉姆（Gilbert rahm，1885–1954），德国动物学家、神父。

的Water Bear亦由此翻译而来。此外，德文也把这种生物称作Bärtierchen，用代表"动物"的Tier接上代表"小巧"的接尾语，直译为"熊虫"。也有人以英文称之为Bear Animalcule。

"缓步动物"的拉丁文Tardigrada直译有"缓慢移动步伐、迟钝"的意思。在"门"这一分类级别中，日文习惯在形容词后面，加上"动物"一词，故称为"缓步动物门"。[1] 法文亦称之为Tardigrade，丹麦文则称为Bjørndyr，与德文的语源相同。

熊虫栖息于何处？

若说熊虫"任何地方都看得到"，似乎有点夸张，但这么描述其实没什么错。

在我们生活的周遭，例如在沿着围墙底部生长、快干掉的苔藓中，就找得到熊虫；往山里走，你可看到许多树

---

1 译注：早期中文生物学译名多从日文而来，同样遵循这个规则。

木与岩石长着青苔，这些青苔内也找得到熊虫；此外，森林的土壤、水池，也看得到熊虫的身影。从喜马拉雅山脉到南极大陆，都找得到熊虫的踪迹。熊虫还藏身在沙滩的沙粒之间，或是海边的藤壶内。即使是在深海底部，也可在沉积物中找到它们。

在许多环境下，都栖息着各种熊虫。

熊虫如何呼吸？

那么，在水中和陆地都可见其踪影的熊虫，是怎么呼吸的呢？

陆生的节肢动物有气孔与气管等器官，而水生节肢动物则有鳃，但熊虫小小的身体内，装不下那么复杂的器官呀。一般认为熊虫是借由单纯的扩散作用，让氧气从周围的水中扩散进体内。由此可见，陆生的熊虫为了生存，也必须在体表维持一层薄薄的水。因此，严格来说熊虫并不算是陆生动物。

对陆生熊虫来说,不管是生存于土壤或苔藓,都必须面临环境突然变干燥的危险。因此这些熊虫都具有特殊能力,可应付干燥的环境。熊虫无法防止环境变干燥,所以它们反过来让自己变干燥,以撑过恶劣环境。这种神奇的能力称为"低湿隐生",本书第四章将详细介绍。

某些熊虫栖息于原本不需担心干燥问题的环境,一般都不会有这种能力,因此如果环境变干燥,便会马上死亡。

熊虫的种类

前文曾说"有各种熊虫",那么熊虫究竟有多少种呢?

一般来说,被描述为新物种的生物,可能不久后就会改置放到别的属,或被认为与已存在的某种生物属于同一物种,而新发现的物种也可能再被分成许多物种。此外,研究者对于物种的看法经常不一致,一般来说,生物的"属和种"没有绝对正确的版本。在新物种陆续被发现的情况下,研究者通常只能说目前的物种数"约有多少种"。

　　总而言之，第一个整理熊虫分类的马库斯[1]，在1927年整理出274个物种（其中的107种未确定），到了1936年他则整理出176种（以及另外84个不明物种）。第一个将熊虫类生物独立成一个"门"的拉马佐蒂[2]，则在《缓步动物门》初版（1962年）列出301个物种，而第二版（1972年）则列出417种，第三版（1983年）增加到584种。在此后的二十年间，登录的新物种数急速增加，新设了许多属，既存物种的分类亦呈现一片混乱，熊虫的分类就是在这个情况下，踏入了新世纪。

　　2005年2月发表的统计结果显示，已知的熊虫种类约有960种。之后仍陆续有新物种被发现，在2006年夏天，熊虫共约有1000种，其中约有一成的物种曾在日本国内被发现，我手上也有一个不曾在文献上看过的熊虫物种（彩页插画6）。

　　日本有相当多的熊虫分类学家。目前主要的研究者，

1　恩斯特·马库斯（Ernst Marcus，1893-1968），德国动物学家。

2　朱塞佩·拉马佐蒂（Giuseppe Ramazzotti，1898-1986），意大利缓步动物学家。

包括研究陆生熊虫的宇津木和夫、伊藤雅道、阿部涉等，而野田泰一则是海生熊虫的专家。这么多位能够辨识新种熊虫的专家，为日本的熊虫研究界打下深厚的基础。

　　下一章将提到，在我们的生活环境中，有哪些种类的熊虫；而熊虫的生活史，以及我饲养了熊虫才逐渐了解的事，也将在下一章详述。

第二章

缓步米氏熊虫的生活史

窥探青苔的缝隙

一切的开始，是在2000年的新年期间。那时我正在埋首研究昆虫精子的形成，同时因大学繁杂的行政事务而忙得不可开交。某一天，我一时兴起，利用研究的空当，从大学的某个建筑物墙角挖了一块儿快干掉的青苔，放到水里观察。

我用立体显微镜观察浸过水的青苔，看到形形色色的生物冒了出来。我越看越着迷，不知不觉就过了一大段时间。在这个青苔内，我看到了梦寐以求的熊虫，于是我多花了一点时间，观察它们的行为。就算是初学者，也能从这块校舍墙角的青苔，看出三种形态的熊虫。

近似于白色而有点透明，看起来柔软又有弹性的，八成是大生熊虫属（*Macrobiotus*）的一员！我擅自把它们命名为"白熊"（彩页插画4上）。一如我们对缓步动物门的印象，它们在青苔的绿叶间，缓慢而悠闲地散步。白色透明的身体中间，透出一条绿色的肠子，看来就像这只"白熊"正在吸食青草汁。

另外，有些熊虫的体型较细长，比起熊，它们长得更像獾，尤其是头部（彩页插画4下）。它们的身体上有一道橙色斑纹，移动速度比"白熊"快许多。仔细观察头部，可发现它们口器的周围有许多突起，这是它们的特征。没意外的话，这些熊虫应该是缓步米氏熊虫（*Milnesium tardigradum*）。根据文献的记载，这个物种遍布全世界，属于世界种，而且生物界似乎没有其他相似的物种。虽然它们长得像獾却不以其为名，因为在发现之初它们便已被命名为"缓步米氏熊虫"了。另外，文献还提到，这种熊虫是肉食性（不过，有其他意见指出，缓步米氏熊虫可能不是单一物种，而是可能包含了很多种熊虫。在2006年2月发表的某篇论文中，即一口气分出了五个米氏熊虫属的新物种。请参考第132页的备注）。

　　第三种则是绿色偏黑、体型较小的熊虫。和前两种相比，这种熊虫看起来硬邦邦的，很像小小的尘螨，但它们步履蹒跚，和节肢动物完全不同。另外，它们的口器旁还有长长的刺毛。它们的外表不禁让人联想到全身披着铠甲的棘熊虫，两者的动作都相当迟钝、笨拙。

　　在它们的周围，有许多大小相近的单细胞原生动物，用布满全身的纤毛，迅速地游来游去，相较之下，熊虫在这样的环境下还能缓慢悠哉地散步，让我莫名地感动。这种生物，究竟是靠什么生存下去的呢？

　　　　　　　　　我想养熊虫！

　　学期末时，我被行政业务追着跑，那些青苔就这么被我搁置于水中。直到2月中左右，我一时兴起，将水中的青苔放入培养皿，想再次观察青苔的缝隙。那时，长得像棘

熊虫的家伙全消失了，不过"白熊"和缓步米氏熊虫仍安
然无恙。虽然我没有特别整理它们的生存环境，但培养皿
内似乎自成一个小生态系，自给自足。不过，我心想就这
么一直观察好像也不是办法，有没有什么是我能做的呢？
此时，随着季节的嬗递，春天即将到来。

　　如果想了解某种动物的生活史，而且对象是大型野生
动物，我们通常会到室外进行野外调查。但像昆虫这种大
小的动物，饲养在室内就能观察它们的一生。然而，野生
生物的饲养通常没那么简单，毕竟不了解这种生物的生活
史，便不知道饲养它们需要哪种环境条件，所以一开始必
需在野外观察一段时间。而要研究熊虫这种微小的生物，
一般我们会利用从野外采集来的青苔，取出熊虫，并制成
标本，再整理每个标本所反映的信息，推测它们的生活史。
但用这种做法，我们很难观察到单一熊虫从出生到死亡的
过程。

　　于是，我产生了"我想养熊虫！"这个突如其来的想
法，并为此兴奋不已。

养得起来吗？

就算我真的很想养养看熊虫，我也不确定能不能养活。

我在学生时代，曾为了研究与昆虫变态有关的激素，而饲养家蚕、野蚕等蛾的幼虫，每天悉心照料。后来我来到日本庆应义塾大学的日吉校区，为了要了解昆虫的精子形成，我从记录蟋蟀的成长过程开始，逐渐展开自己的研究。所以，如果能找到饲养方法，我便想自己饲养研究用的生物。

我相当怀念日本早期一本称为《采集与饲育》的杂志，这本杂志代表了我在少年时代所追求的生物学精神。这本杂志很久以前就停刊了，也许是因为博物学式的生物学如今已经不流行了吧！不过，看到有趣的生物，一般人都会想养养看，不是吗？熊虫的采集与饲养！啊，真是让人跃跃欲试！

当然，事情没有这么简单，接下来我大概每天都必须出去野外调查吧！不过，这也是件让人兴奋的乐事。

肉食性熊虫

现在，我们知道在我的培养皿里，"白熊"和缓步米氏熊虫已经生存了大约两个月。我想"白熊"的食物八成是青苔，只要适时补充青苔，大概就养得活。不过这么一来，它们就会和野生的"白熊"一样，躲在青苔的间隙，要找寻它们的踪迹会相当费时费力。

缓步米氏熊虫又如何呢？文献说它们是肉食性的熊虫。它们究竟吃什么呢？

在青苔的世界，除了熊虫还有许多种生物栖息着。半透明、活蹦乱跳的线虫类在其中来去自如；轮虫类则像水蛭般，一伸一缩地移动身体；此外，还有许多单细胞原生动物。缓步米氏熊虫于青苔内四处漫步时，经常会与这些生物擦身而过。这些生存于青苔间隙的生物，与熊虫一样拥有抵抗干燥的能力。除此之外，虽然用低倍率的显微镜看不到，但其实水中还存在着数也数不清的细菌。

缓步米氏熊虫必定会利用身边的某种生物当作食物。

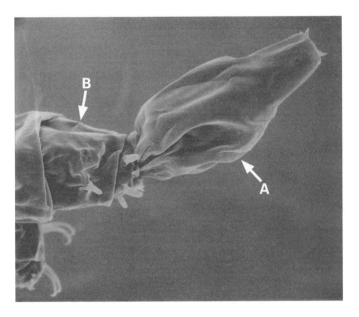

图7　缓步米氏熊虫（B）豪放地吞食轮虫（A）。
（扫描式电子显微镜照片，由D. R.内尔松教授提供）

我在文献中还发现一张照片，捕捉到缓步米氏熊虫豪放吞食轮虫的瞬间（图7）。轮虫的头部具有环状的纤毛，有些在水中浮游，有些依附于其他物质匍匐前进，在淡水和海水中都可看到它们的身影（图8）。轮虫大致可分为单巢轮虫与蛭态轮虫两类。青苔内常有许多大型（其实不到1毫米）蛭态轮虫，但它们对缓步米氏熊虫来说太大了，怎么可能一口吞下去！因此，有人说缓步米氏熊虫除了吃轮虫，还会捕食较小的线虫和其他熊虫。

但不管我怎么搜寻青苔的各个角落，都看不到缓步米氏熊虫捕食的瞬间，连它们是否有在为觅食努力，都无从得知。

饲料的问题1

如果缓步米氏熊虫会把线虫当作食物，作为模式生物而常用于研究的秀丽隐杆线虫（*Caenorhabditis elegans*），应可作为饲料。于是，我便将缓步米氏熊虫放入正在培养线虫的培养皿。出乎意料的是，缓步米氏熊虫居然被线虫追得四处逃窜。养熊虫果然没那么简单啊！

其实在1964年，德国人鲍曼（Baumann）的报告便提到缓步米氏熊虫的饲养。依照他的记载，缓步米氏熊虫的食物

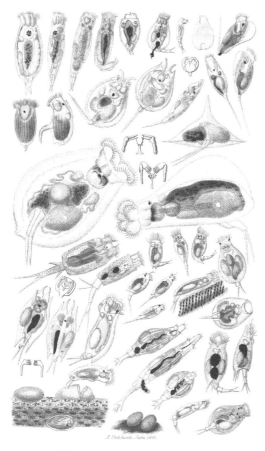

图8　各式各样的轮虫。

（Pritchard, A., *History of Infusoria*, Whittaker and Co., London, 1841）

不只有轮虫，还包括细菌、纤毛虫、霉菌等。但是，日吉校区的缓步米氏熊虫却没有要攻击纤毛虫的意思。细菌实在太小，我难以观察缓步米氏熊虫吃不吃细菌，至于霉菌嘛……我是很难相信缓步米氏熊虫会把那种东西当食物啦！

在我每天巨细无遗的观察下，某一天，我终于看到缓步米氏熊虫一口咬下一只小型轮虫。喔！吃下去了！它吃的轮虫不是蛭态轮虫，似乎是某一种单巢轮虫。无论如何，我终于确定它们把轮虫当作食物了。嗯……那我应该可以把轮虫当作饲料吧！不过，怎么做才能增加轮虫的数量呢？

要饲养肉食性动物，必须同时饲养作为其饲料的生物。

要怎么养呢？如果有人已培养了大量的轮虫，我只要想办法弄到那些轮虫，进一步培养下去就好。近年来，人们想要查数据，通常会先从网络下手，于是我也试着这么做了。我搜寻"轮虫培养"，虽然得到了一大堆数据，但都是被用作鱼饵、栖息于海洋的海水壶形轮虫培养方法，几乎找不到淡水轮虫的培养方法。嗯……该怎么办呢？

此时，幸运之神降临了。我在为学生的生物学实验课所准备的培养皿中，养了许多变形虫，其中也有许多轮虫在里面恣意地繁殖。而且这些轮虫并不是蛭态轮虫，而是体长大约只有0.1毫米的小型单巢轮虫。一般来说，其他生物混入实验要用的培养皿，会让教学变得很麻烦，但此时这却是我求之不得的事。我马上用滴管吸起几只轮虫，放到正在散步的缓步米氏熊虫旁边。接下来会发生什么事呢……它会吃吗？会把轮虫吃下去吗？拜托吃一下啦！实验结果是……吃下去了！这是我第一次因为看到动物进食而那么开心。

还有一件令人开心的事。我看到两只刚孵化的熊虫，它们马上就捕食了轮虫（图9）。换句话说，只要轮虫供应无虞，要养活各阶段的缓步米氏熊虫大致上就没问题。

因此，接下来要思考的是"如何稳定培养轮虫"。培养变形虫的培养皿内，生出了不少轮虫，所以只要维持相同的环境就行了吧？方法十分简单，将米粒丢入水中，米粒周围便会聚集许多细菌来繁殖，接着以细菌为食的微生物——唇滴虫（*Chilomonas*），数量便会渐渐增加，接着变形虫再将唇滴虫当作食物。轮虫的食物则是细菌，而非唇滴虫与变形虫等生物，我也不曾见过缓步米氏熊虫捕食

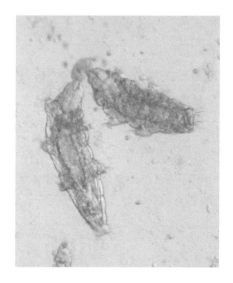

图9　两只一龄幼虫吸住了饲料——轮虫。
[Suzuki, A. C., Life history of *Milnesium tardigradum* Doyöe (Tardigrada) under a rearing environment, *Zoological Science* 20: 49-57, 2003]

唇滴虫和变形虫，所以我应该将这些生物赶出培养皿的环境。对现在的我们来说这相当容易理解，但在实际操作的过程中，我却觉得不能怪以前的人为什么相信微生物可以无中生有。先不说变形虫，就算我一次又一次地冲洗掉唇滴虫，过一阵子还是会有新的唇滴虫跑出来，令我不禁想：
"难道这些东西真的可以无中生有吗?"不过，在我多次的
努力冲洗之下，这些杂物终于消失了。

　　采于自然环境的青苔里面也有许多轮虫，于是我试着
用相同的条件培养这些轮虫，但做了好几次尝试都没有成
功。看来事情没那么简单啊！而从变形虫培养皿中捞出来
的轮虫，培养起来也不是很顺利，不过培养皿中有那么多
轮虫，总有几只可以顺利繁殖吧！以这些轮虫当饲料应该
就够了。很好，饲养缓步米氏熊虫的计划慢慢成形了。

　　后来，我观察到缓步米氏熊虫有时会吃比较小只的蛭
态轮虫。或许在自然环境中，最好的饲料就是这种小型的
蛭态轮虫吧！

饲料的问题2

　　之所以会有"饲料的问题"，是想要知道这些可作为饲
料的轮虫，在生物学上的种名是什么。

　　若饲养与观察缓步米氏熊虫的过程顺利，接下来我就要开始写相关论文了，因此不晓得饲料的种名好像怪怪的。然而，清楚列出所有轮虫种类的图鉴却不太常见，于是我先从手边现有的日语版轮虫图鉴开始找，可惜都找不到那种轮虫的种名。因此，我不得不把目光移到轮虫的研究文献上。一旦开始深究某个问题，便有很大的机会碰上另一个需要深究的问题呢！

　　幸好，荷兰最新的轮虫分类学系列专著刚出版不久，于是我拿了一本来仔细寻找，最后终于被我找到当作饲料的轮虫学名——*Lecane inermis*。后来我重新回去再看了一次日语版轮虫图鉴，发现上面也有记载，只是没有列出翻译名称。那么，本书后文我们就用"轮虫"和"轮虫饲料"来称呼这种轮虫吧！

进食方式

　　缓步米氏熊虫借由大幅摆动身体的前半部来移动，若有轮虫接近口器，便会猛然咬下，不过基本上还是给人在水中漫步的感觉。虽然我们可以确定，缓步米氏熊虫能分辨轮虫和其他生物的差别，但它们不会注意到轮虫突然经过自己身旁。在缓步米氏熊虫的口器周围有六根刺毛，刺毛后方还有一对乳头状突起物，人们认为这是缓步米氏熊虫的感觉器官。此外，缓步米氏熊虫还有一对眼点，但我们还无法确定这在觅食上是否可派上用场。不过，通常只要有一只缓步米氏熊虫在进食，周围的缓步米氏熊虫便会被吸引过来一起吃。因此有人认为，缓步米氏熊虫可嗅到轮虫体液的味道，进而被吸引。

准备饲养环境

饲料应该没问题了，接着来看看还需要哪些饲养条件吧！

不管是缓步米氏熊虫还是"白熊"，在光滑的玻璃或塑料培养皿的表面上都难以行走，附肢容易滑掉，几乎无法前进。蛭态轮虫能够使用纤毛，自由自在地在水中移动；

而缓步米氏熊虫则和它们完全不同，移动速度缓慢，看起来相当笨拙。缓步米氏熊虫不只难以在光滑表面上行走，偶尔还会口器着地、倒立在塑料培养皿上，变得动弹不得。

因此，用来培养各式各样微生物的琼脂培养基就成了我实验的对象，缓步米氏熊虫在琼脂上应该就能顺利行走了吧！由于是要当作缓步米氏熊虫的地板，所以琼脂只需要薄薄一层，像涂上一层漆就行了。接着加一点水，再将缓步米氏熊虫放上去。结果和我想的一样，缓步米氏熊虫在琼脂培养基上踩着悠哉的步伐前进。接下来，我试着将几只轮虫放在琼脂培养基各个角落，马上看到缓步米氏熊虫吃得津津有味。

太棒了，我想这样算饲养成功了吧？

然而，这时出现了一个问题。一般来说，制作培养微生物的琼脂培养基时，通常会一次做一大堆，等它们凝固再放进冰箱保存，一开始我也是这么做。但放入冷藏库，琼脂便会越来越干并小幅收缩，使琼脂本体与培养皿的接触面产生狭小的缝隙。不巧的是，熊虫相当喜欢狭小的缝隙。若将水和熊虫放入培养皿，所有熊虫便会一股脑儿地往缝隙钻，接着潜到培养皿的底部，塞在那里，最后窒息而死。这……这下糟糕了！有没有什么方法可以阻止这种惨剧发生呢？

把培养皿侧边的缝隙填满就行了吧？于是我试着在培养皿壁面的顶端（即琼脂与培养皿接触面的顶端）填入一圈琼脂，使整个培养皿都被琼脂包覆。这么一来，熊虫就生活在琼脂所构成的培养皿内，应该没问题了吧？然而，这时又发生了一件意想不到的事。

熊虫发现培养皿的边缘壁面顶端多了可以落脚的空间，便开心地爬上去。这些熊虫大多会待在水面附近游走，但用显微镜观察，可发现水面附近的熊虫看起来活动力很差。这样就算了，居然还有几只熊虫逃离水面爬到岸上（培养皿壁面边缘），部分熊虫就这么在岸上干掉了！到底是怎么回事啊！难道这些熊虫是为了让自己变干，而特地跑上岸吗？难道它们并不是在忍耐干燥环境，而是根本很喜欢干燥吗？

这个问题暂且不论，再这样下去，所有熊虫的活动力都会变得很差。我想了许多方法，但最后我觉得还是不要

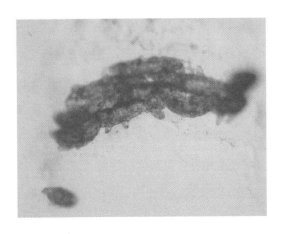

图10　琼脂的裂缝中，有十只以上的缓步米氏熊虫彼此重叠地睡在一起。

把凝固的琼脂放进冰箱，而是琼脂凝固了就马上加水、放入熊虫，这才是比较简单而实在的解决方式。虽然这方法相当简单，但这么做至少解决了侧面的缝隙问题，不会发生熊虫潜进琼脂底部，窒息而死的悲剧。

　　然而，喂食熊虫会对琼脂的表面造成些微破坏，这时产生的裂缝对熊虫来说，正是不可多得的栖息地！我时常可观察到好几只熊虫待在裂缝里面，特别是要蜕皮的时候，熊虫一旦发现裂缝便会毫不犹豫地钻进去（图10），大概是因为蜕皮期完全无法移动，想尽量选一个安全的地方吧！若是在野外，它们便会选择青苔的叶状体间隙。

照顾熊虫的日子

至此，我终于有饲养缓步米氏熊虫的感觉了。从现在起，要是我没有喂它们，这些缓步米氏熊虫就真的会活不下去。我觉得自己背负着重大责任，当然，这就是我想要的。饲养缓步米氏熊虫时，如果能亲眼见证它们的生活史，那是再好不过的！

20世纪60年代，观察缓步米氏熊虫的鲍曼在论文中提到，他为了寻找饲养的条件而付出了相当多的心力。一般来说，论文并不会讲太多实验的细节，所以饲养过程通常不会写在论文里。不过，因为他的论文发表于德国不来梅的博物馆期刊，故研究内容写得很详细。而且他是经历了重重困难才得到研究成果的前辈，想必他在过程中也和我一样，碰过不少问题吧！想到这里，便让我有动力详读他的论文。不过，他的研究到最后还是没能找到最好的饲料。之后我会介绍，饲料会直接影响熊虫的产卵量，考虑到这点，鲍曼的饲养环境实在不怎么理想，他自己的论文也有提到这一点。顺带一提，1922年，这位叫作鲍曼的年轻学者便发表过一篇论文，说明熊虫对干燥环境的抵抗能力。其中，他用"小小的酒桶"来形容干燥状态的熊虫，此后，大家便用"酒桶状"来称呼这个状态。

话说回来，饲养缓步米氏熊虫，使我兴奋又激动，每天快乐地给予饲料并清洁环境……虽然我这里写的是"每天"，但除了有做成长记录的那阵子，我也不是真的每天都会做这些事。如果每天去照顾它们，便可使缓步米氏熊虫一直维持在最佳状态，但我会越来越辛苦！为了让饲养的熊虫一直保持活力，必须提供大量的饲料，也就是说，必须培养大量的健康轮虫。

生物学告诉我们，从能量的观点来看，饲养肉食性动物所需的草食性动物质量，是肉食性动物的十倍左右。请想象一下这代表什么意思。简单来说，饲养肉食性动物，必须饲养更多它们所吃的动物。

熊虫的粪便

那么，缓步米氏熊虫的食量是多少呢？"在它们的一生中，会吃掉多少食物呢？"这个问题以我目前所有的资料看来，还是回答不出来，不过我大概能回答它们一次会吃掉多少食物。若将缓步米氏熊虫的成虫放入有许多轮虫的环境，它们便会铆起劲儿来吃。某一次，我发现它们可以在15分钟内，吃掉17只轮虫。

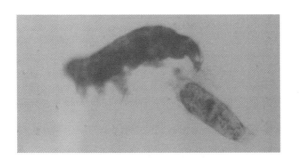

图11　缓步米氏熊虫大便的瞬间。（图中右下方大型长条状物即为大便）
［Suzuki, A. C., Life history of *Milnesium tardigradum* Doyöe (Tardigrada) under a rearing environment, *Zoological Science* 20: 49-57, 2003 ］

图12　以显微镜观察熊虫的大便，可见轮虫的残骸。
［Suzuki, A. C., Life history of *Milnesium tardigradum* Doyöe (Tardigrada) under a rearing environment, *Zoological Science* 20: 49-57, 2003］

　　图11是缓步米氏熊虫的成虫在大便的照片。与它们的身体大小对照，可见这坨大便有多巨大！在拍下这张照片时，我感动得全身发抖，连忙将大便放到显微镜下观察，这才得到图12。照片上还能够看到一只只轮虫的残骸。

　　"我也想要看熊虫大便的瞬间！"有这种想法的人，可以找找看有没有肚子塞满食物的熊虫，说不定可以看到它们扭扭捏捏走路的样子喔！请一定要找找看。

蜕皮

当缓步米氏熊虫吃的轮虫越来越多，体型即会越来越大。熊虫与昆虫一样，会在蜕皮后成长。在孵化四五天后，它们会蜕皮两次，成为三龄虫。多数熊虫从三龄虫起，便算是成虫，缓步米氏熊虫也是如此，一龄与二龄还是小孩，三龄便算是大人。而从第三次蜕皮开始，它们会在蜕皮的同时产卵。

熊虫的蜕皮会从身体表皮（外侧坚硬部分）开始，最先蜕皮的是口器到食道的部分。有时我们可观察到一边吐出口器，一边行走的熊虫，这就是要进入蜕皮第一阶段的特征（图13）。由于已无法再摄取食物，所以一般认为这时它们到处漫步是在寻找静僻的场所。这个时期的熊虫，口器与平时完全不同，很容易被单纯视为另一个属的熊虫。1889年，甚至还多了*Doyeria simplex*这个种名。因此，这个

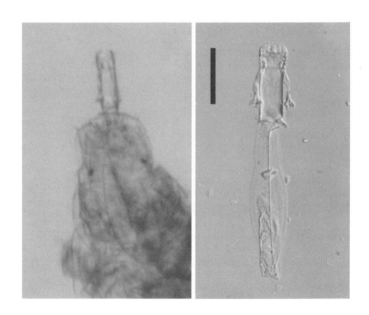

图13　（左）吐出口器的缓步米氏熊虫。（右）口器至食道的皮。

［Suzuki, A. C., Life history of *Milnesium tardigradum* Doyöe (Tardigrada) under a rearing environment, *Zoological Science* 20: 49-57, 2003］

发育时期又被称作单体（simplex）。

　　还有一件与蜕皮相关的事：栖息在淡水的熊虫会有"孢子化"的现象。若环境逐渐恶化，熊虫表面会形成一层

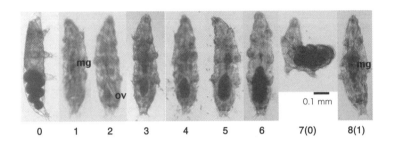

图14　卵巢的发育过程。数字为从产卵日（0）开始计算的天数，可看到身体中间的中肠（mg），以及后方的卵巢（ov）。图中的第六天即为 simplex。

［Suzuki, A. C., Ovarian structure in *Milnesium tardigradum* (Tardigrada, Milnesiidae) during early vitellogenesis, *Hydrobiologia* 558: 61-66, 2006］

层的表皮，将自己关在硬壳中。或许这和蜕皮机制有某种程度的关系，但相关研究目前仍有待努力。

产卵

　　缓步米氏熊虫三龄以后的蜕皮，会与产卵同时进行。熊虫全身透明，故从外部就能看出卵巢的发育情形（图14）。亲代缓步米氏熊虫会先产卵再蜕皮，接着从硬壳中爬

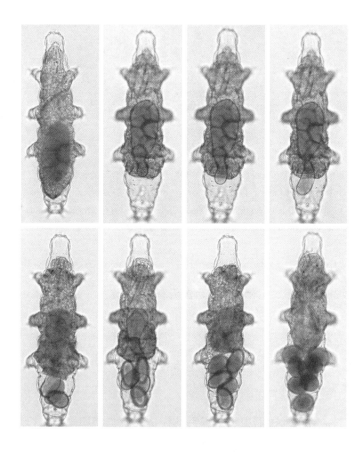

图15 缓步米氏熊虫的产卵过程。

[Suzuki, A. C., Life history of *Milnesium tardigradum* Doyѐe (Tardigrada) under a rearing environment, *Zoological Science* 20: 49-57, 2003]

出来。实际观察熊虫的产卵情形，可看到卵巢附近的身体规律地收缩，看起来就像是阵痛。

产卵过程很快就结束了，但如果我们仔细观察产卵过程（图15），会发现事情没那么简单。图中的熊虫产卵从开始到结束，只花了不到两分钟的时间。不过这些照片，是在我们觉得这只缓步米氏熊虫快要产卵时，就将显微镜对准这只缓步米氏熊虫，花了好一阵子才拍到的照片。

在我个人的观察记录中，缓步米氏熊虫一次产卵约可生下1到15颗卵（彩页插画5下），而文献出现过的产卵数最多为18颗。产卵数主要是受到母体营养状态的影响。若我因为太忙而一周只喂一次饲料，或是培养皿内的熊虫数量过多，便会严重影响到产卵数，每只缓步米氏熊虫可能只会产下1到2颗卵。相对地，我若辛勤照顾它们，通常可产下6到8颗卵。当我看到许多皮蜕内，有10颗以上的卵，便感到一直以来的辛苦有了回报。

鲍曼的论文提到，熊虫每次的产卵数平均约为3到4颗，最多为6颗。与其说是饲养方法造成差异，我认为比较有可能是营养供给未能达到最佳状态。

母与子

亲代熊虫完全蜕皮之前便会先产卵，所以妈妈和卵有一段时间会同时待在旧的壳内。彩页的插画5上方是一个只产下一颗卵的缓步米氏熊虫妈妈正对着镜头，此时它的卵已经开始分裂了。

妈妈和它的卵在几个小时内都会维持这个状态，通常隔天便会完成蜕皮。但也有些妈妈过了数天也爬不出旧壳，就这样在里面结束生命。

成长记录与寿命

一般人总觉得熊虫可以活很久，所以没什么人记录它们的活动期有多长。

于是我选了3个卵块，共16只缓步米氏熊虫，观察它们从孵化到死亡的过程。我用装有数码相机的立体显微

表 2　缓步米氏熊虫的产卵记录与寿命

编号 #	产卵次数	产卵的间隔天数	胎卵数	总卵数	寿命（日）	最终龄
1	-	-	-	-	14*	3
2	0	-	-	0	15	3
3	1	13	5	5	21	4
4	2	14, 22	3, 7	10	33	5
5	2	18, 28	6, 6	12	41	5
6	3	16, 24, 33	6, 8, 7	21	42	6
7	3	15, 25, 40	7, 6, 3	16	43	6
8	3	12, 20, 26	5, 7, 8	20	45	6
9	3	14, 22, 34	5, 8, 4	17	49	6
10	4	16, 24, 31, 43†	8, 7, 10, 3	28	43	6
11	4	17, 24, 31, 36	7, 10, 10, 11	38	52	7
12	5	16, 23, 30, 36, 46†	5, 8, 10, 10, 4	37	46	7
13	5	15, 22, 31, 37, 48†	4, 6, 6, 9, 3	28	48	7
14	5	17, 24, 29, 36, 44	5, 8, 11, 6, 6	36	47	8
15	5	16, 24, 31, 43, 51	7, 9, 6, 4, 8	34	57	8
16	5	15, 26, 33, 39, 46	9, 6, 7, 11, 8	41	58<	8

\# 将16只缓步米氏熊虫依照产卵次数与寿命，依序编号。

* 在第14天失去踪影。

† 产卵后不蜕皮即死亡。

镜，每天拍摄它们的照片，再利用图像估计身体长度（表2与图16）。成长最快的个体在孵化后12天便产了卵（表2的8号），而蜕皮次数最多可达到八龄（编号14至16）。寿命

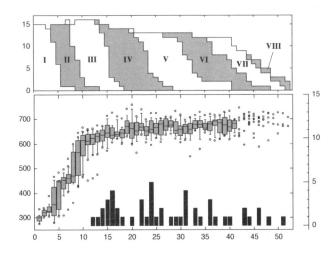

图16　在25℃下，缓步米氏熊虫的成长记录。（上）各龄别的个体数，龄数以罗马数字表示。（下）体长变化以箱型图表示，箱子中央的横线表示中位数，箱子的范围包含25%到75%的样本。柱状图则表示产卵的个体数。由此图可见，三龄以上的个体，蜕皮时会伴随产卵。

[Suzuki, A. C., Life history of *Milnesium tardigradum* Doyöe (Tardigrada) under a rearing environment, *Zoological Science* 20: 49-57, 2003]

最长的个体（编号16）总共产卵5次，共41颗卵。这个个体在第55和第57天时，跑到培养皿边缘并离开水面，看似要开始进入低湿隐生状态。但我这两次都在旁边加水，强制让它恢复原状。然而，到了第58天，这只缓步米氏熊虫又开始第三次的低湿隐生行为，于是我就停止观察记录了。事实上，由于这3个卵块的产卵日有些差距，连续观察它们两个半月的我，说不定比产卵的熊虫还要累。话说回来，如此长寿的个体，到了晚年却一直尝试进入低湿隐生状态，这究竟是偶然，还是对"活着"这件事腻了，想要休息一下呢？而想到这个问题的我，是不是太钻牛角尖了呢？

　　虽然在那之后，我便没有再详细记录它们的成长情形，但我曾看过两三个可活到四个月以上的例子。在自然状态下，它们会时不时地进入低湿隐生状态，所以实际寿命其实更长。假设环境为25℃恒温，熊虫的活动期可达50天，若低湿隐生状态不影响寿命，一周只要活动一天，寿命便可长达一年之久。若是处于低温状态，缓步米氏熊虫的寿命应能更长。

胚胎发育

　　无论饲养环境的温度是否恒定，从产卵到孵化的间隔

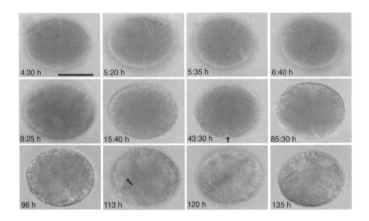

图17　缓步米氏熊虫的胚胎发育。比例尺：0.05毫米

［Suzuki, A. C., Life history of *Milnesium tardigradum* Doyöe (Tardigrada) under a rearing environment, *Zoological Science* 20: 49-57, 2003］

大约是5到16天，范围相当大。图17为胚胎发育的样子，第一卵裂（产卵后4小时30分，后文以4:30 h的方式表示）会沿着垂直于卵长径的方向分裂，使卵形成二等分的子细胞。两个子细胞的第二卵裂（5:20 ~ 5:35 h）会在不同时间点发生，所以有三细胞期、四细胞期等阶段。此后，各个子细胞会在不同时间点分裂。

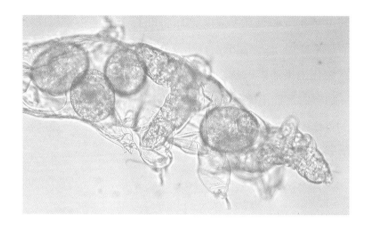

图18　努力从皮蜕的出口爬出来的幼虫（右端），皮蜕内还有另一只幼虫正在寻找出口。

[Suzuki, A. C., Life history of *Milnesium tardigradum* Doyöe (Tardigrada) under a rearing environment, *Zoological Science* 20: 49-57, 2003]

　　缓步米氏熊虫的卵不透明，故卵裂后，细胞的轮廓也不怎么清晰。虽然如此，还是能看得出卵逐渐发育成为桑椹胚（8:25 h）与囊胚（15:40 h）。产卵后大约41小时，胚的表面即逐渐变透明，腹侧沟的主要细胞将开始分化（43:30 h），此后胚胎会变得更透明，可观察到胚胎的旋转（96 h）。旋转频率逐渐增加的同时，口器也变得越来越清楚（113 h），之后的发育速度（120 h, 135 h）则各有异。在孵化出来的前一刻，可以观察到幼虫利用口器戳卵壳，一口气破卵而出。幼虫打破卵壳的同时，会恣意伸展自己的身体，并在妈妈的皮蜕内到处爬行、寻找出口，最后接触到外面的世界（图18）。

熊虫的胚胎发育学

其实，熊虫胚胎发育学的相关资料，在马库斯1929年出版了一本关于熊虫的著作之后，有很长的空白期。

在马库斯关于熊虫发育的记录中，中胚层是由肠体腔发育而成的，然而从熊虫与其他动物的亲缘关系（分类）来看，这让人不禁疑惑。以基因为生物分类，可依中胚层是由裂体腔还是肠体腔发育而成的这一点，将之分成两大类，一般认为缓步动物属于前者。不过目前学界多认为发育过程的相似程度，不一定能反映物种的亲缘关系，故熊虫发育过程是否能作为分类的依据，还有待验证。

黑诺尔（Hejnol）与施纳贝尔（Schnabel）于2005年所发表的研究报告，进一步提供了新信息。他们用显微镜观察熊虫透明卵的发育过程，即先记录胚胎在各个时间点的图像，接着利用计算机分析不同时间点的变化，以追踪熊虫胚胎发育时，每个细胞的分化过程。而他们得到的结果显示，中胚层并非由肠体腔发育而成，而是由侧面的中胚层带发育而成。另外，熊虫的胚胎内，虽然还不到能随意分化的程度，但各个细胞未来的发育、分化似乎相当自由。我们脊椎动物的细胞发育和它们有类似的自由度，与之对照，模式生物秀丽隐杆线虫的每个细胞，命运都已被严格确定了。

熊虫的性事

我在观察熊虫以前，研究的是昆虫的精子形成过程。即使研究对象改变了，但若有机会，我还是想亲眼看看精子形成的过程。然而如各位所见，我所饲养的缓步米氏熊虫皆有产卵，换句话说，它们皆为雌性，且进行孤雌生殖。

基本上，熊虫还是能进行有性生殖，不过栖息在青苔内的物种皆为雌性，因此可能会有人以为大多数熊虫都是孤雌生殖。其实熊虫的有性生殖并不少见，有几个物种甚至是雌雄同体，虽然数量相当少。

有性生殖的意义，不外乎是借由基因交换来增加多样性。虽然很多人都这样想，但其实真正的原因还不清楚。有些动物完全没有雄性，蛭态轮虫即是相当有代表性的物种。借由单雌生殖来迅速扩展族群的例子，并不罕见。

栖息于海中的熊虫物种，皆有雌雄两性，基本上都是进行有性生殖，还没见过孤雌生殖的例子。不过有一个物种被判定为雌雄同体，马库斯的妻子伊夫琳[1]，1952年发表了一个新的属与新物种——*Orzeliscus belopus*。此后，在世界各地的海洋也陆续发现了这个物种，但没有一只是雄性。

1　伊夫琳·马库斯（Eveline Marcus，1901-1990），德国动物学家、画家。

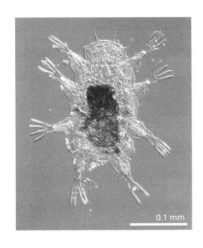

图19　*Orzeliscus*属的熊虫（日本产）。

（R. M. 克里斯滕森教授提供）

后来，克里斯滕森[1]发现了几个个体的精子，故得到这个物种是雌雄同体的结论，目前科学家仍在研究其生殖器的构造。图19是在日本近海采集到的*Orzeliscus*属熊虫，和在其他海域所发现的同属熊虫相比，在形态上有所差别，说不

1　莱因哈特·莫比杰·克里斯滕森（Reinhardt Møbjerg Kristensen，1948-），丹麦无脊椎动物学家，以发现三个新的显微动物门而知名。

定将来会分类为其他物种。

话说回来，虽然刚才提到我们采集到的熊虫"皆为雌性"，但后来我发现在日吉校区的缓步米氏熊虫中，有少数个体的形态与其他个体有些微差异。仔细观察才发现，原来它们就是雄性个体（图20）。雄性缓步米氏熊虫第一对附肢的爪特别大，从外表便能明显分辨。

然而，对于这个全是雌性的族群来说，并不需要雄性个体。即使要进行有性生殖，若对象是基因组成与原族群完全相同的雄性个体，便一点意义也没有。这只雄性个体可说是悲剧英雄，如果它能接触到其他族群的个体，大概就能一展雄风吧！总而言之，人们至今仍不知道为何会出现雄性个体。说不定这位熊虫的悲剧英雄，会在我们探讨"有性生殖如何演化"等更大的议题时，成为解决问题的关键角色。

待解的疑问

雄性个体的出现是个待解的疑问，然而除此之外，仍

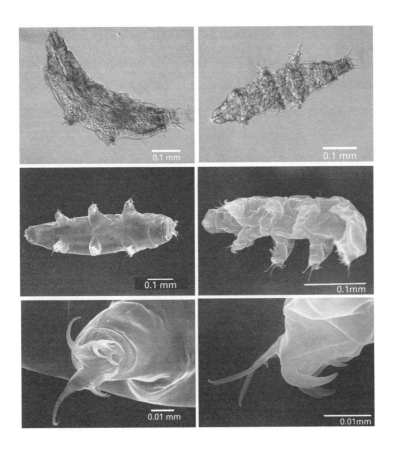

图20　熊虫的雄性个体（右）现身！雄性的第一对附肢，爪像一个巨大的钩子。

有许多我们尚不明白的部分。"熊虫的寿命可以多长?"像这样的问题我们目前也没有明确的答案。先前提到,在编号16的熊虫(参考第50页)进入低湿隐生状态后,我便中断了观察记录,但若给予水分使它复活,或许它能活得更久。意大利摩德纳大学的团队饲养了另一种熊虫,在大多数个体死亡后,仍有少数个体苟延残喘地活着,其中,活动时间最长的个体可活超过五百天。或许缓步米氏熊虫的某些个体也能那么长寿。"为什么你观察到一半,就不干了呢?"那个团队的研究者曾这么问我。"该怎么说呢——就是觉得有点累了。"我只能不好意思地如此回答。总之,即使基因几乎相同,只要饲养条件稍有不同,便可能使个体产生相当大的差异。

在胚胎发育的期间,每个个体便会产生相当大的差异。若熊虫在胚胎的发育时期,环境有所变化,会发生什么事呢?在自然环境中,胚胎发育时,环境可能会有好几次变干燥,而胚胎的发育状况可能和这有很大的关系。换句话说,干燥的环境对于栖息于青苔的熊虫来说,并非死路一条,说不定这反而是让它们的生育得以延续的重要条件。

意大利摩德纳大学的研究人员发表了一篇论文，说明卵的干燥与胚胎发育的关系，然而要解决相关谜题，还有一段很长的路要走。

虽然还有相当多的疑问，但我们算是大致看过一遍缓步米氏熊虫的生活史了。我研究熊虫的第一步，就是前文列出的观察记录，并于2001年秋天，在日本动物学会大会（福冈）发表。我在海报写上"缓步米氏熊虫的采集与饲养"，作为我的标题。少年时代的梦想终于成真，是我相当珍贵的回忆。

COFFEE BREAK：缓步米氏熊虫的学名

1840年9月4日，巴黎科学学会的杜瓦耶尔[1]发表了论文《关于熊虫》，首次介绍了缓步米氏熊虫，并刊载于《自然科学年报》（*Annales des Sciences Naturelles*）。缓步米氏熊虫的学名为 *Milnesium tardigradum*，属名 *Milnesium* 来自于法国著名动物学家米尔纳－爱德华兹[2]（图21）。他是无脊椎动物学（例如甲壳类）权威级年报的编辑者，次年他即成为了法国国立自然博物馆的无脊椎动物部门教授。此外，缓步米氏熊虫的种加词（二名法中，物种名的第二部分称为种加词，另一部分则为属名）*tardigradum* 有"缓慢行走"的意思。

事实上，缓步米氏熊虫的行走速度在熊虫中算是相当快的。在鲍曼的论文中也有提到这一点，缓步米氏熊虫的速度大约是每秒0.1毫米。但无论如何，这只是跟其他熊虫比较的结果，连草履虫的移动速度都比熊虫快多了……

1　路易·杜瓦耶尔（Louis Michel François Doyère，1811–1863），法国动物学家和农学家。

2　米尔纳－爱德华兹（Milne-Edwards，1800–1885），法国动物学家。

图21　属名 *Milnesium* 取自于米尔纳－爱德华兹（Milne-Edwards）。在法国国立自然博物馆古生物学与比较解剖学的陈列室前，他的雕像与若弗鲁瓦·圣－伊莱尔、居维叶等人的雕像并列。

　　法国国立自然博物馆于法国大革命后的1793年，设立于当时的皇家植物园内，聚集了拉马克[1]、若弗鲁瓦·圣－伊莱尔[2]等著名成员，以比较解剖学、动物分类学、古生物学等作为研究重点。古生物学与比较解剖学的陈列室，直到现在仍以压倒性的收藏量，在此迎接前来参观的人们。

---

[1]　拉马克（Jean-Baptiste Lamarck，1744–1829），法国博物学家，生物学伟大的奠基人之一。

[2]　艾蒂安·若弗鲁瓦·圣－伊莱尔（Étienne Geoffroy Saint-Hilaire，1772–1844），法国博物学家。

第三章　熊虫传说的历史

"熊虫是什么呢?"或许有些人会因为想知道答案,而在网络上搜寻,却被跑出来的网站数量吓到。[虽然也可能是因为搜寻熊虫的日文（くまむし）,却跑出毒蝮三太夫（どくまむしさんだゆう）[1],而感到莫名其妙……]前不久我们提到,就算是生物学的相关人士,仍有不少人没听过这种生物。不过熊虫有着一群对它特别有兴趣的死忠粉丝,因为熊虫实在太特别了。

1　毒蝮三太夫,日本著名男演员。其名字的日语发音与熊虫一词的日语发音有部分相似。

就像我在序里所提到的，坊间有不少熊虫的谣言实在过于夸大，例如"不管怎么搞都不会死""地表最强的生物""可以活超过一百年"，到底有什么根据能支持这些说法呢？

我来整理一下这些传说，看看熊虫到底有没有那么厉害吧！首先，让我们来看看熊虫是何时开始出现在人类的记录中的，一起来探寻人类研究熊虫的历史吧！

事实上，熊虫的特殊能力在18世纪便已为人类所知。

研究的开始

1773年，德国奎德林堡圣布拉西教会的格策[1]翻译了一本瑞士博物学家邦内特斯（Bonnets，蚜虫孤雌生殖的发现者）的昆虫学著作，并加入了自己的观察结果一同出版。这本书是首次记载熊虫的文献（图22），他将这种动物命名为Kleiner Wasserbär（小小的水熊），在相关说明中也用

---

1 约翰·奥古斯特·埃弗拉伊姆·格策（Johann August Ephraim Goeze，1731-1793），德国动物学家。

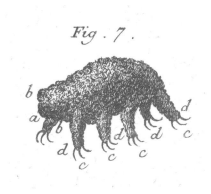 

图22　格策（右）与他的熊虫（左）。

（熊虫的图出自Goeze, J. A. E., *Herrn Karl Bonnets Abhandlungen aus der Insektologie*, Über den kleinen Wasserbär, J. J. Gebauers Wittwe und Joh. Jac. Gebauer, Halle, 1773。格策的肖像为笔者收藏的铜版画。）

Bärthierchen（现代则记为Bärtierchen）来称呼熊虫。

　　但泽（现今波兰的格但斯克）圣凯瑟琳教会的艾希霍恩（Eichhorn）在1775年出版的著作提到"他在1767年6月10日就看过Wasser-Bär了"。这就像猜拳时"慢出"一样，没有受到重视。而且他所画的熊虫附肢有五对（图23）。

　　格策记录熊虫的来年，也就是1774年，意大利的柯尔

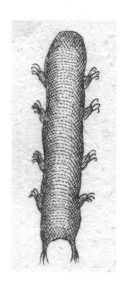

图23　艾希霍恩的熊虫。
（Eichhorn, J. C., *Beyträge zur Natur-Geschichte der kleinsten Wasser-Thiere*, Johann Emanuel Friedrich Müller, Danzig, 1775）

蒂（Corti）取出堆积在屋檐排水管的沙子，加入一些水，放在显微镜下观察。他发现除了轮虫，还有一些看起来像小型毛毛虫（brucolino）的小生物被唤醒了。他当时所看到的生物很有可能是熊虫。另外，他指出一个重点：若要让这些生物顺利被唤醒，干燥过程应该缓慢进行。

　　顺带一提，人类内耳耳蜗的核心——柯蒂氏器（organ of Corti），名称则是来自另一位科学家，这位柯尔蒂活跃于19世纪。

死亡与复活

　　"干燥状态的动物，吸了水会被唤醒。"1701年，显微镜开发者、荷兰科学家列文虎克（Leeuwenhoek），首次提出这个现象。他在干掉的屋檐排水管内发现轮虫有这个现象。1742年，英国的尼达姆[1]观察到，线虫也有同样的情形。

　　一篇于1776年发表的论文再次指出，熊虫能适应"干燥"这种极端的环境。这篇论文由斯帕兰扎尼[2]发表，和轮虫相比，他觉得这种动物迟钝得像乌龟一样，故把它称作tardigrada（迟钝的）。这个名字后来变成缓步动物门的字源。他的论文描述他如何将轮虫、线虫与熊虫等动物风干，使它们先"死"一次，再使它们"复活"。

　　以前的人一看到熊虫干掉，便认为它们已"死亡"，即使以现代的眼光来看，也很难相信干掉的熊虫还活着……还是说，因为柯尔蒂和斯帕兰扎尼是神职人员，所以他们让熊虫死而复生的实验，有什么神圣的意义吗？就算没有，这个不可思议的实验也在许多人的心中留下深刻的印象。

1　约翰·尼达姆（John Needham，1713–1781），英国生物学家、天主教神父。他是自然发生说在18世纪里最重要的捍卫者。

2　拉扎罗·斯帕兰扎尼（Lazzaro Spallanzani，1729–1799），意大利生物学家和生理学家、天主教神父。他对身体功能、动物繁殖和动物回声定位的实验研究做出了重要贡献。

斯帕兰扎尼指出，在干燥状态（也就是"死亡"状态）下，这些动物可以忍耐70℃的高温，并且复活。这是人们第一次知道，干燥状态下的动物还能抵抗干燥以外的极端状态。此外，他亦得到与柯尔蒂相同的结论：若将这些动物急速风干，便无法再"复活"。于是大家更确定，若要使它们复活，风干的速度不能太快。

所以，人们发现熊虫这种生物不久，便知道它们拥有这些特殊能力。然而在那个时代，科学家还没有完全放弃生物会"自然发生"的理论，所以反对它们会复活的人认为，干燥的物质本来就可以自然产生新生命，因此才有这种看似复活的现象。也就是说，这种现象甚至可以成为自然发生说的证据，而被自然发生论者加以利用。否定自然发生说的斯帕兰扎尼与支持自然发生说的尼达姆之间的争论，在科学史上相当有名，但与这个争论有密切关系的熊虫特殊能力，却意外地鲜为人知。这个争论的胜负，要等到一百年后，才可由近代细菌学的开山祖师——巴斯德，所做的实验分出胜负。

成为"自然系统"一员的熊虫

1785年丹麦的米勒[1]发表了一个熊虫物种，名为壁虱（*Acarus ursellus*）[2]。这是首度使用二名法（又称双名法）命名的熊虫（彩页插画2）。二名法是指用拉丁语写成的属名与种加词组合而成的物种学名命名法，由瑞典的博物学家林奈（Linnaeus）所创立。第一个在分类学占有一席之地的熊虫，被认为是尘螨的亲戚，收录于1790年出版的《自然系统·第十三版》（*Systema Naturae*，将生物分类系统化的林奈著作《自然系统》于1753年初版，而自1758年的第十版开始，便使用现行国际动物命名规则来为动物命名）。

在米勒色彩平淡的图中，可看到正在皮蜕内产卵的熊虫，以及刚出生的小熊虫。可惜的是，我们无法确定米勒所绘的到底是哪一种熊虫，虽然有些人认为它和迪雅尔丹[3]

1　奥托·弗里德里希·米勒（Otto Friedrich Müller，1730–1784），丹麦博物学家。

2　壁虱亦为蜱虫的俗名，但此处所指为一种熊虫。

3　费利克斯·迪雅尔丹（Félix Dujardin，1801–1860）法国生物学家。他因对原生动物和其他无脊椎动物的研究而闻名。

所确认的熊虫是同一物种，但目前我们仍将之视为无效的
学名。

19世纪的熊虫

进入19世纪，熊虫新种的发现如雨后春笋般出现。

第一个使用正式学名，并持续沿用到现在的熊虫，是
1834年由舒尔策（C. A. S. Schultze）所发表的胡氏大生熊
虫（*Macrobiotus hufelandi*，图24）。他原本将这种熊虫分类
在甲壳类的等足目（与鼠妇、海蟑螂同类）。图24画了在
干燥状态下、呈酒桶状的熊虫，而且还引用斯帕兰扎尼的
图做比较，相当有趣。斯帕兰扎尼是一位卓越的生理学家，
但在生物形态的记录上，似乎没那么专业。舒尔策以拉丁
语出版这篇论文，然而某本引用这篇论文的德语杂志在报
导文章之后，加上一篇埃伦贝格（Ehrenberg）的批评。埃
伦贝格是一位研究轮虫的专家，他认为舒尔策的论文所描
述的，熊虫能从干燥状态复活的部分并不合理。

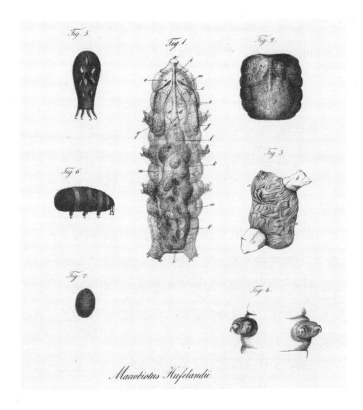

图24　C.A.S. 舒尔策（1834）发表的胡氏大生熊虫（*Macrobiotus hufelandi*）。
左侧Fig. 5到Fig. 7引用自斯帕兰扎尼的图。

（Schultze, C. A. E., *Animal e crustaceorum classe novum*, reviviscendi post diuturnam asphyxia et ariditatem potens, Apud Carolum Curths, Berlin, 1834）

　　舒尔策为熊虫取的种加词来自胡费兰迪（C. W. Hufelandii）的姓。他是威玛宫廷的御用医师，以1796年出版的《长寿学》（*Makrobiotic*）为人所知。显然，*Macrobiotus*（大生熊虫属）这个属名便是来自这本书。日语把这个物种的属称作"长命虫属"，种名则是"长命虫"。（在这种日语名称与拉丁学名不相同的情况下，用日语称呼它们有没有意义呢？我也不晓得。虽然缓步米氏熊虫也有类似的情况……）

　　1838年，法国的迪雅尔丹在《自然科学年报》上，发表一篇与熊虫相关的论文。这篇论文称熊虫为tardigrades，没有特别为它们命名，但论文中收录许多精美插画，例如熊虫的侧面图，以及好像正面比出胜利手势的样子。这些插画相当吸引人（图25）。

　　1840年，杜瓦耶尔以《关于熊虫》为题，发表一篇相当长的论文，其中有许多熊虫是首次文献记录，缓步米氏熊虫即为其中之一。舒尔策所观察的熊虫也出现在论文中，并附有精美的插画（图3上方）。而迪雅尔丹所发现的熊虫，则被命名为 *Macrobiotus Dujardin*（杜氏大生熊虫，现更名为

图25　迪雅尔丹发现的熊虫。

〔 Dujardin, R., Mémoire sur un ver parasite etc., sur le Tardigrade etc., *Ann. Sci. Nat.*, sér. 2, 10: 175-191, 1838 〕

杜氏高生熊虫*Hypsibius dujardini*）。这篇论文所记录的观察报告相当详细，即使到了现在仍适用。你看到杜瓦耶尔的图，一定会对他巨细弥遗的观察赞叹不已（图26）。在这之后，他还发表了两篇后续论文，其中一篇论文描述熊虫在干燥状态下的抵抗能力：熊虫加热到120℃，维持数分钟再放入室温水中，仍能再次苏醒。杜瓦耶尔的这三篇论文后来被整理成一本书，成为他的学位论文并于1842年出版。本书开头彩页插画3的缓步米氏熊虫即出自该书。

海里的熊虫

1851年，迪雅尔丹发表了第一个生存于海洋的熊虫。他没有使用二名法命名，而是用单名*Lydella*称呼它。这个物种被认为很可能是*Halechiniscus guiteli*（由里希特斯[1]发现）的幼虫（图27）。

---

[1] 费迪南德·里希特斯（Ferdinand Richters，1849-1914），德国动物学家。

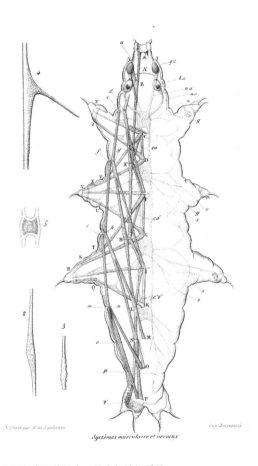

图26　杜瓦耶尔发现的熊虫，肌肉与神经系统。

（Doyère, L., Mémoire sur les tardigrades, *Ann. Sci. Nat.*, sér. 2, 14: 269-361, 1840）

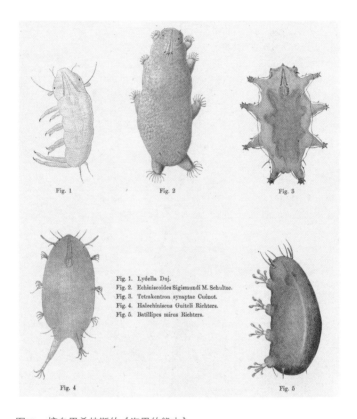

图27　摘自里希特斯的《海里的熊虫》。

1.迪雅尔丹的*Lydella*；2.斯氏矶棘熊虫（*Echiniscoides sigismundi*）；3.寄生型
熊虫*Tetrakentron synaptae*；4.*Halechiniscus guiteli*；5.铲足熊虫（*Batillipes mirus*）
（Richters, F., Marine Tardigraden, *Verh. Deutsch. Zool. Ges.*, 19: 84-94, 1909）

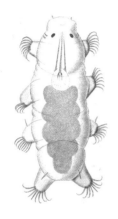

图28　马克斯·舒尔策的斯氏棘甲熊虫（*Echiniscus sigismundi*），现为斯氏矶棘熊虫（*Echinisoides sigismundi*）。

（Schultze, M., Echiniscus sigismundi, ein Arctiscoide der Nordsee, *Arch. Mikrosk. Anat.*, 1:1-9, 1865）

　　第一个以二名法命名的海生熊虫为1865年，马克斯·舒尔策[1]所发表的*Echiniscus sigismundi*（斯氏矶棘熊虫，后来被改分到*Echiniscoides*属，图28）。文献记载这种熊虫是在青海苔等海藻内找到的，但它们其实主要是居住在藤

1　马克斯·舒尔策（Max Schultze，1825-1874），德国显微解剖学家。他因在细胞理论方面的工作而受到关注。

壶内。克里斯滕森与哈拉斯在1980年指出，一个藤壶可找到573只熊虫，相较之下，就算将岩石上所有青海苔收集起来，也只能找到约10只熊虫。换句话说，矶棘熊虫大概是不小心从藤壶掉出来，才会跑到青海苔上。我们经常可在藤壶外壳的缝隙找到它们，它们很可能是以附着于藤壶外壳的绿藻类为食。虽然在丹麦常可看到与藤壶共生的熊虫，但在地中海与黑海地区似乎不是那么一回事。看来，关于熊虫的生态还有许多我们不明白的部分呢。

此外，研究者在藤壶内部还发现了另一种附着于藤壶上的熊虫，学名为 *Echiniscoides hoepneri*。这个物种会吃藤壶的身体，是第二个被证实有寄生行为的熊虫。人类第一个发现的寄生型熊虫是 *Tetrakentron synaptae*，一般认为它寄生在锚海参的触手，并以其细胞为食（图29）。

不过，海生熊虫通常没什么人关心，或许是因为大家对熊虫的兴趣来自它们对干燥环境的惊人抵抗力，然而多数的海生熊虫到了干燥环境，便会马上死亡。栖息于藤壶壳的矶棘熊虫虽然能忍受干燥环境，但藤壶内其他熊虫一旦干掉便会死亡。抵抗干燥的能力原本就是为了在陆地上

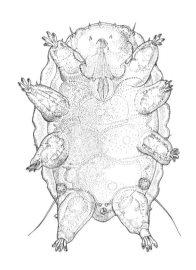

图29　寄生在锚海参触手的熊虫 *Tetrakentron synaptae*。（图由R. M. 克里斯滕森教授提供）

生存才发展出来的，海生熊虫当然不需要这样的能力。不过，就像其他生物一样，大海是熊虫的故乡，目前在海中仍栖息着相当多种熊虫。

　　与陆地的种类相比，生活在海中的熊虫形态更多样，其中有些种类就像图30中的熊虫一样，身上有许多华丽的装饰。这些显微镜下才看得见的构造可能具有鱼鳔的功能，或可用于附着在其他物体上。然而，熊虫在海底如何实际

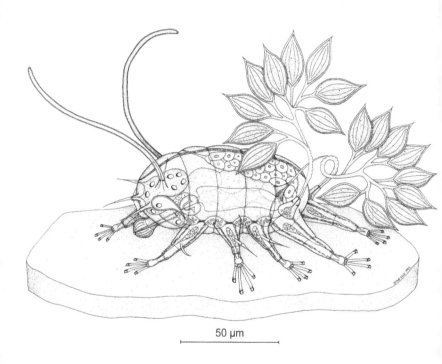

50 μm

图30 深海的华丽熊虫（*Tanarctus bubulubus*）。比例尺：0.05毫米
（图由R. M. 克里斯滕森教授提供）

使用这些构造，我们仍无法确知。海中的生物仍有许多谜团，直到今日，我们偶尔还会发现新的大型深海鱼类，却对它们的生态一无所知，深海的熊虫更不用提了，人们不知何时才能亲眼见证它们的生态。

许多人认为未来我们会在海中陆续发现新的熊虫物种。丹麦哥本哈根大学动物学博物馆的R. M.克里斯滕森，在体长低于1毫米的小动物分类研究上，有许多新突破。他设立了铠甲动物（Loricifera）与环口动物（Cycliophora）等新的动物门，在熊虫的研究上也是相当出色的研究者。但在他所搜集的海生熊虫中，仍有相当多物种未被命名。照他的说法，生存于海底沉积物的熊虫，即使被调查船拉至海面，承受了剧烈的压力变化仍不会有事，但从冰冷的海底拉到船上时，急遽上升的温度却是熊虫的致命弱点。

顺带一提，2000年于哥本哈根举行的第八届国际熊虫研讨会，便是使用刚才提到的、栖息于深海的华丽熊虫为标志（彩页插画7）。虽然目前没有与熊虫有关的学术组织，不过这个国际研讨会从1974年于意大利第一次举办以来，便举办至今，近年则为每三年举办一次。可惜的是，在哥本哈根的那次研讨会，我因为正在进行缓步米氏熊虫的长期观察而无法参加。而下一届在美国佛罗里达州举行的会议，有来自世界各国的约五十名研究者参加，我们讨论得相当热烈、兴奋忘我。而第十届会议则在本书日文初版付印的2006年6月，于意大利西西里岛的卡塔尼亚举行。

有趣的显微镜观察

我们继续研究熊虫的历史吧！19世纪后半，一本说明如何用显微镜观察微小生物的书出版了，那就是德国的维尔科姆（Willkomm）所写的《显微镜下的惊奇——极小的世界》（*Die Wunder des Mikroskops oder die Welt im Kleinsten Raume*，1856年初版），图31即来自此书。图中描绘了轮虫、线虫与三只熊虫，还在皮蜕内的卵看起来像是长命虫类的卵。虽然此书用花体字书写，读起来很费力，不过关于轮虫的叙述相当丰富。相较之下，提到熊虫的文字则很少，而且作者还说熊虫属于多毛纲（与沙蚕等物种同类），这让我有点

Den Räderthierchen verwandte Geschöpfe sind die mikroskopischen Gattungen der sogenannten Borstenwürmer (Chaetopoda), von denen die meisten im Meer, einige jedoch auch im süßen Wasser, besonders im Schlamme stehender Gewässer leben. Sie haben theils gegliederte, theils ungegliederte wurm= oder blut=

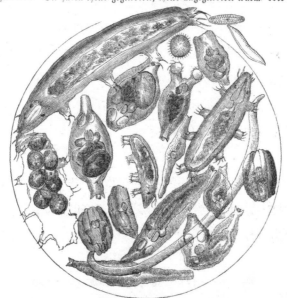

fig. 22. Borstenwürmer u. a.

egelförmige Körper, an deren Bauchseite eine bestimmte Anzahl von fußartigen, mit krallenförmigen Borsten besetzten Höckern hervorragen. Der vom Körper nicht deutlich abgegrenzte, bisweilen schnauzenförmige Kopf ist meist mit zwei oder mehreren

Wunder des Mikroskops.　　　　　　　　　　　　　4

图31　维尔科姆《显微镜下的惊奇——极小的世界》（1856年初版）的插画。（Willkomm, M., *Die Wunder des Mikroskops oder die Welt im Kleinsten Raume*, Otto Spamer, Leipzig, 1856）

不满。另外，书中提到采集自阿尔卑斯山土壤的线虫，从休眠状态苏醒过来，却没提到任何熊虫的苏醒现象。作者引用了埃伦贝格[1]的研究成果，可见他对熊虫的评论或许是埃伦贝格的意见。这本书从显微镜的原理开始，介绍硅藻与滴虫等水中微生物，其中包括各种单细胞生物、微小的原生动物、植物组织以及昆虫等，搜集了相当多的资料，并持续改版至1902年的第七版。

英国斯莱克[2]所著的《令人惊艳的池中生物》(*Marvels of Pond-Life or a Year's Microscopic Recreations among the Polyps*，1861年初版)，也有熊虫的介绍(图32)。他的解说相当有趣，我们来看看其中一段文字吧！

阴暗污浊的12月，让人提不起劲到郊外踏青。不过在我身旁就有一个可以泡的"池子"。当然，我指的不是自己泡在里面，而是把玻璃瓶泡在水中。(中略)最有趣的

1　克里斯蒂安·戈特弗里德·埃伦贝格 (Christian Gottfried Ehrenberg，1795–1876)，德国博物学家、动物学家、比较解剖学家、地质学家和显微学家。

2　亨利·詹姆斯·斯莱克 (Henry James Slack，1818–1896)，英国记者、活动家和科学作家。

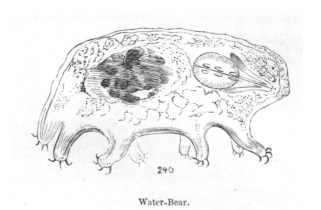

240

Water-Bear.

图32 斯莱克《令人惊艳的池中生物》（1861年初版）的熊虫。
（ Slack, H. J., *Marvels of Pond-Life or a Year's Microscopic Recreations among the Polyps*, Infusoria, Rotifers, Water-Bears, and Polyzoa, Groombridge and Sons, London, 1861 ）

是，我用镊子夹起细小的水草放到玻璃上，观察里面有什么生物，发现了像小狗般可爱的动物。它非常努力地划动八条腿，却好像一点也没有前进。于是我明白我抓到的就是Tardigrada，亦即Water-Bears。它们的动作十分滑稽，是一群可爱的小动物。它们的样子就像刚出生的幼犬，或是刚从水中爬起来的小熊。每条腿都有四只爪，却没有尾巴……

熊虫哪里可爱呢？

这是题外话。平常我让学生观察熊虫，多数学生都会赞叹："哇，好可爱！这是什么生物啊？"不过少数人则会说："哇，好恶心！这是什么鬼东西啊？"虽然在我的经验中，只有一人的反应是后者，但这代表并不是所有人都喜欢熊虫。

然而，几乎所有人都觉得熊虫可爱，应该有其意义才对。举例来说，人类似乎本能地认为婴儿的脸很可爱，这不是出于照顾婴儿的责任感。先不讨论我们是在什么机制下产生婴儿很可爱的感觉，由形态学的证据可知，婴儿脸部各器官的位置、比例与成人相当不同。不只是人类，一般哺乳类都能辨别幼体的脸形，喜欢幼体似乎是多数哺乳类的共通点。

回归正题，或许是因为我每天都在观察熊虫，所以我看到路上有人牵着黄金猎犬散步，常觉得它们看起来像熊虫一样可爱。但这现象似乎和一般人相反，一般人看到熊虫，会有"哇，好可爱"的感觉，应该是因为在那一瞬间觉得"看起来就像熊在走路"吧。或许人类本能上对这类走起路来悠悠哉哉的生物有好感。

20世纪前半叶的金字塔——恩斯特·马库斯

回归正题，彩页的插画1取自恩斯特·马库斯的著作《缓步动物门》（*Tardigrada*，1929年）。这本书是德国动物学丛书的其中一本，也是当时将所有熊虫数据集大成的一本书，光是提到熊虫的部分就占了608页。此书的最后一张彩色附图，就是本书彩页的插画1。各位看到这张图，有什么想法呢？我听过以下评语："这张图好厉害！虽然画的技巧不怎么样，但很有个性，而且很可爱"，以及"我想要一件印着这张图的T恤和鼠标垫！"评价相当不错。

马库斯的研究在柏林的博物馆进行，他自1927年开始，在三年内发表了许多与熊虫有关的文章，其中包括两篇专题论文。1928年，他在另一系列的丛书出版了230页的熊虫书籍《熊虫》(*Bärtierchen*)，上一本书中使用的图片，大多也出现在这本大作，而且现在比较容易找到这本书。这些文献几乎网罗了熊虫的解剖学、生理学、生态学等相关知识，现代的研究都是由这些文献延伸出来的，故这些文献可说是研究熊虫的起始。

马库斯的著作最吸引人的地方，就是这些独特的插画（图33）。这些充满了爱的图画，皆由作者夫人伊夫琳所绘。这本书的序有提到，书中内容本来就是他与夫人的共同研究成果，这些著作是他献给夫人的作品。伊夫琳的祖父是德国电生理学的先驱——杜布瓦雷蒙[1]。日本岩波文库曾出版他的著作《有关于世界认识的极限，宇宙的七个谜题》（自然認識の限界について·宇宙の七つの謎）。伊夫琳的父亲也是柏林大学的生理学教授，因此她小时候就很熟悉显微镜的操作，并且常用以观察微生物。

1929年正是经济大萧条的时期，全世界被一股不安定的气氛笼罩。马库斯在1936年发表了一本新的熊虫书籍，

1　杜布瓦雷蒙（Emil du Bois-Reymond，1818–1896），德国生理学家。

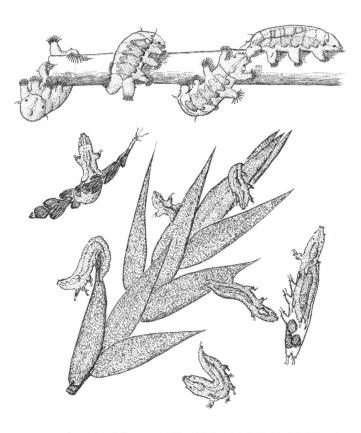

图33　恩斯特·马库斯著作（1929）内的矶棘熊虫（上）与缓步米氏熊虫（下）。
［Marcus, E., *Tardigrada*, in H. G. Bronn (ed.), Klassen und Ordnungen des Tier-Reichs, Bd. 5, IV-3, Akademische Verlagsgesellschaft, Leipzig, 1929 ］

并在这一年的4月转往巴西圣保罗大学任职。由于马库斯是犹太人，纳粹在数年前便剥夺了他在柏林大学的职位。于是他在新的环境继续进行研究，与夫人一起留下了相当丰富的研究成果。

他涉猎的知识范围原本就相当广泛，由于喜欢昆虫，他在1919年发表的学位论文是与粪金龟有关的研究。在那之后，博物馆请他研究与苔藓动物有关的主题。苔藓动物指的并非生存在苔藓的动物，而是一群主要栖息于海中的无脊椎动物，现在已被分成外肛动物与内肛动物。在马库斯前往巴西之前，他曾在哥本哈根停留一段时间，为丹麦的动物学丛书写了一篇关于苔藓动物的专题论文。此后，所有苔藓动物的研究者都必须阅读这份丹麦语写成的文献。在这个时期伊夫琳所绘的数张苔藓动物原图，至今仍保存在哥本哈根大学的动物学博物馆（图34）。

第二次世界大战后，马库斯拒绝了德国大学的聘书，留在巴西与夫人一同沉浸在研究海洋生物的乐趣中，他们发表的论文提到了许多新物种。之后数年，他们的研究重点逐渐转往海牛，这似乎是夫人的兴趣。因此，马库斯夫

图34　丹麦哥本哈根大学的动物学博物馆内，至今仍保存数张伊夫琳所绘的熊虫图。（图由克劳斯·尼尔森教授提供）

妻的名字不仅在熊虫的研究领域占有一席之地，在苔藓动物与海牛类动物的研究者之间，也相当有名。光是海牛，他们就发现了222个新种与22个新属。马库斯在巴西也发表了数个熊虫的新种。宇津木先生在日本各地下水道处理槽中找到的等高熊虫（*Isohypsibius myrops*），就是伊夫琳在1944年记录过的物种。

2002年，一本与苔藓动物学研究史相关的论文集中，美国弗吉尼亚自然博物馆的温斯顿（Winston）用温暖的文字，介绍了马库斯夫妻携手研究的故事。

20世纪初，在马库斯的专题论文全数发表前，人们持续找出了熊虫的新种。而熊虫的生理学研究也在20世纪20年代有了长足的进步，熊虫惊人的抵抗力可以为人所知，便是因为这个时期的实验结果。

然而下一章，我们终于要来讨论熊虫生命力的话题了。

COFFEE BREAK：熊虫与寒武纪的奇特生物

我寻找熊虫的相关文献时，看到许多文献都会描述生长在寒武纪的奇特生物（图35），例如奇虾。熊虫与寒武纪的奇特生物有什么关联呢？

古尔德[1]的著作《奇妙的生命》（*Wonderful Life*）介绍了各式各样的古生物，其中有个相当有名的物种——奇虾。随着研究的进展，人们发现有些奇虾物种，其形似鳍的侧腹构造连接了附肢。虽然它们的附肢没有分节，但这些寒武纪生物与有爪动物（天鹅绒虫类）、有爪动物的近亲（怪诞虫类等），在生物分类上都可能是与节肢动物很相近的群体。

熊虫一开始被当作节肢动物的一员，后来它们的地位被置放在独立的一门，但至今仍难以确定它们与其他动物门的关系。从熊虫有体节的特征与附肢的构造来看，似乎能与节肢动物、有爪动物等归类在泛节肢动物，分子系统学上的证据也支持这种说法。至于它

1　斯蒂芬·杰·古尔德（Stephen Jay Gould，1941-2002），美国人，世界著名的进化论科学家、古生物学家、科学史学家和科学散文作家。

们的起源，加拿大伯吉斯页岩与中国云南省澄江动物群的化石，即是相当重要的依据。运用这些资料，经过推测分析，人们最终将熊虫与奇虾联系在一起。不过在2002年，有学者指出，奇虾的鳍下附肢应为消化管的分支。故由化石性质推测熊虫的系统分类，尚有混沌不清的部分。

像熊虫这么小的动物，也曾发现过它们的化石，至今已发表了三个化石物种。其中一个是寒武纪所留下来的化石，只有三对附肢，报告指出这可能是幼虫的化石；另外两个白垩纪的化石，则是被封在琥珀内的熊虫，其中一种与现在的缓步米氏熊虫非常相似。

话说回来，我在丹麦写下本书的原稿，而丹麦正是琥珀的产地，哥本哈根的街头随处可见琥珀专卖店。含有昆虫化石的琥珀卖得相当好，可惜熊虫太小，就算被封在琥珀内，用店家的工具也很难观察到。要是熊虫长得大一点就好了……我常看着琥珀这么想。但会带着这种想法浏览玻璃橱窗的人，大概只有我一个吧！

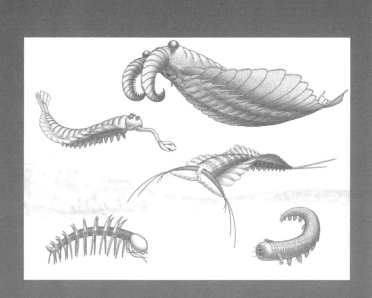

图35　寒武纪的各种生物，最上方即为奇虾。（上村一树绘制）

第四章

熊虫很厉害吗？

"酒桶状"的抵抗力

19世纪的杜瓦耶尔已经知道干燥的熊虫可以忍受120℃的高温。到了20世纪20年代，有相当多的实验都在研究熊虫的这个性质。

熊虫在干燥环境下会缩起附肢，像被晒过一样又干又硬，看起来就像橡木酒桶（图36）。如同第2章所提到的，1922年，鲍曼将这种形态记为"小小的酒桶"，从此以后，这个状态下的熊虫在英文世界就被称作tun（酒桶）。他记录了熊虫处于"酒桶"状态的时间，以及苏醒所需的时间，

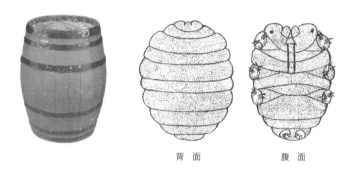

背面　　腹面

图36　橡木酒桶（左）与酒桶状的熊虫（右）。

（酒桶状熊虫的图改自 Baumann, H., Die Anabiose der Tardigraden, *Zool. Jahlb.*, 45: 501-556, 1922）

还观察二氧化碳与硫化氢对熊虫苏醒过程的影响。

　　在此同时，德国的拉姆设计了许多实验来测试"酒桶"的抵抗力。他在1921年与之后数年内所发表的论文，提到熊虫在液态空气（-190℃至-200℃，20个月）、液态氮（-272℃，8小时）、极端的温度变化（-190℃，5小时→151℃，15分钟）、高压环境（100兆帕），以及强烈紫外线的照射下，都不会死亡。顺带一提，拉姆曾在1937年5月，于日本长崎县云仙地区发现"温泉熊虫"（中缓步纲）。

此外，他是位神职人员，于莱茵兰地区玛丽亚拉赫的班尼狄克修道院担任神父。

在这之后，陆续出现许多酒桶状熊虫的抵抗力记录。1950年，贝克雷尔（Becquerel）在他发表的论文中指出，即使温度降到接近绝对零度（0.0075K），熊虫也不会有事。绝对温度的零度是理论上的温度下限值（0K = −273.15℃），贝克雷尔的实验将温度降至−273.1425℃。

1964年，迈（May）等人的光照射实验结果显示，熊虫可以承受57万伦琴（约5kGy）的辐射，这是此主题最具代表性的实验。这样的辐射量是人类致死量的1000倍以上。迈在报告中指出，酒桶状熊虫可以承受六小时的紫外线照射，但在步行状态下，只要照射一个半小时便会死亡。

1971年，克罗（Crowe）与库珀（Cooper）用扫描型电子显微镜观察酒桶状熊虫，这只熊虫除了经历了真空环境，还被高压的阴极射线照射。观察结束后，将它放入水中，熊虫苏醒后还步行了一分钟左右。后来宇津木与野田也发表了相关的实验结果。此外，关与丰岛在1998年观察到，酒桶状熊虫经历600兆帕大气压这种不可思议的环境，还能够苏醒。地表压力最高的地方是马里亚纳海沟的挑战者深渊，这里的水压也只有110兆帕大气压（请参考第132页的备注）。

至于熊虫对酒精的抵抗力研究，直到最近才有相关论文发表。拉姆勒乌（Ramløc）与韦斯特（Westh）在2001年的研究提到，将酒桶状熊虫浸入乙醇，即会全数死亡，但若是疏水性高的丁醇和己醇，熊虫仍有抵抗力。

熊虫真的有不死之身吗？

综上所述，熊虫的惊人生命力并非空穴来风。前面所列出的实验结果，应该足以说明这点。

然而，这些研究成果传开后，却变成了"熊虫有不死之身"。这完全是误解，要让熊虫死掉并不困难。我所饲养的缓步米氏熊虫，只要不给它们饲料一阵子就会饿死。"酒桶状"熊虫可以忍耐高温，但步行中的熊虫只要碰到热水就会挂掉，身体碎了也会死亡。而且，如果环境突然变干燥，熊虫来不及变成"酒桶状"，即会直接变成干尸；就算顺利变成"酒桶状"，对周遭环境有了惊人的抵抗力，但被针刺到，它们还是会裂开，因此就算熊虫能承受非常高的压力，也称不上不死之身。就算是坚硬的钻石，掉到地上也可能会有裂痕呀，也可能被火烧成二氧化碳，烟消云散啊。

此外，这些实验大都只关注熊虫"是否成功苏醒"。事实上，苏醒的熊虫能不能顺利活到正常寿命，才应是讨论的重点，然而这个问题却经常被忽略。熊虫经过严酷的实验环境，即使成功苏醒，看起来也像漫画《明日之丈》中燃烧殆尽的主角，奄奄一息。

加水等待三分钟……

严肃的课题就谈到这里，我们来看看真正的熊虫吧！

如前所述，若想让熊虫顺利变成酒桶状，即需让周遭环境慢慢地干燥。如果不这么做，熊虫会干掉而死亡。有许多方法可以防止这种状况。我让缓步米氏熊虫变成酒桶

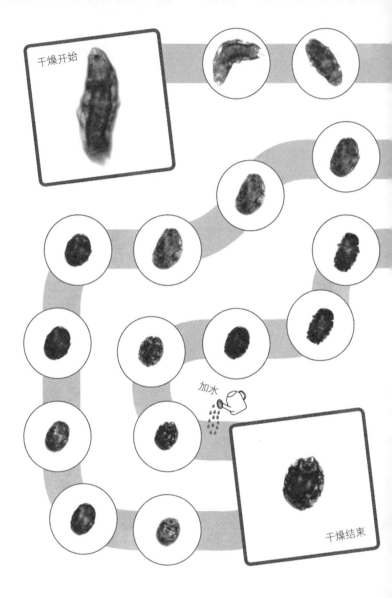

干燥开始

加水

干燥结束

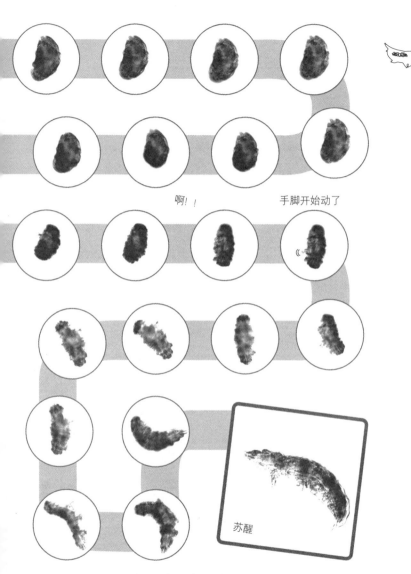

啊!!　　　　　手脚开始动了

苏醒

图37　干燥呈酒桶状的缓步米氏熊虫→苏醒的缓步米氏熊虫

状，并加以保存的方法很简单——让它们在琼脂培养基上慢慢干燥。潮湿的琼脂本来就不会马上干掉，就算不加盖子，也能长时间保持潮湿。在载玻片上滴一滴仍是液态的琼脂，等它凝固，再把一只熊虫放上去静置一阵子，就能顺利观察到变成酒桶状的熊虫（图37）。

变成酒桶状的熊虫乍看像死掉了，不知道的人可能会把它当成垃圾丢掉。为这个小小的酒桶加一点水，且静置三分钟，它可能都不会有动静，不过通常数分钟之内就可以看到一些变化。刚开始会看到熊虫吸收了水分而逐渐膨胀，过一阵子，它的附肢会伸展开来并来回摆动，直到身体完全舒展开，就可看到熊虫相当有精神地到处爬了。

由此可知，看起来几乎完全干燥的熊虫，加一些水便会"苏醒"呢。

隐生——隐藏起来的生命

以前人们认为，干燥状态下的熊虫已经死亡，加了水又可以复活，不过我们实在很难想象有生物能够死而复生。但是，如果它们在酒桶状态下仍保持"活"的状态，应该会持续进行某些代谢作用。因此，干燥状态的熊虫体内，是否仍有些许的代谢活动，便成了重要的课题。第一个发现这个现象的列文虎克认为，干燥状态的熊虫并非完全干燥，不过斯帕兰扎尼却认为它们干燥得很彻底，且"确实死亡"了。

19世纪的杜瓦耶尔观察了白蛋白的变化，研究高温环境下的熊虫是否完全干燥了。蛋白质在湿润状态下加热便会变性，但干燥状态的蛋白质则无此现象，而熊虫的白蛋白并无变化，所以他认为复活前的熊虫是完全干燥的状态。巴黎科学院有两派意见不同的人们为此争论不休，甚至设立了委员会来研究这个问题。他们于1860年出版一本近120页的报告书，结论是干燥的熊虫可承受当时技术所能达到的最干燥状态。

到了20世纪，拉姆认为熊虫可"死而复生"；与之相较，鲍曼认为熊虫不曾"死亡"，而是一直维持着生命。也就是说，熊虫并非完全没有代谢活动，而是以很难观察到的方式持续代谢。1955年，这类议题衍生出由皮贡（Pigoń）与文格拉斯卡（Węglarska）发表的实验结果。他们利用浮沉子装置，测量熊虫极少量的气体交换。浮沉子开口朝下在水中漂浮，当内部气体体积改变，浮力便会跟着改变，使浮沉子上浮或下潜。将熊虫与二氧化碳吸收剂置于浮沉子内，若氧气持续被熊虫消耗，浮沉子即会逐渐下沉。实验结果证实，干燥的熊虫确实会一点一点地消耗氧气。

　　既然有消耗氧气，是否代表酒桶状的熊虫只是进入假死状态，但仍保持有氧呼吸呢？

　　事实上，实验结果显示，若想长时间保存酒桶状熊虫，无氧环境的保存效果比较好，就像在保存食品一样。这么看来，干燥状态的熊虫所消耗的氧气，并不是用来做有氧呼吸，而是使熊虫的身体被氧化而慢慢脆化。

　　目前，我们一般都会使用1959年基林 [1] 提出的"隐生"

1　大卫·基林（David Keilin, 1887-1963），英国皇家学会研究员，主要研究昆虫学。

（cryptobiosis）一词，来描述进入酒桶状的熊虫。这个乍看之下难以理解的名词，想传达的意思是"隐藏起来的生命"。这完全没有死亡的含意！生命在隐藏起来的状态下，虽然活着，但没有代谢作用。《动物系统分类学》（日本中山书店）将这个词翻译成"潜在生命"，而我手上这本英日字典则翻译成"隐蔽的生活"，似乎没有公认的翻译方式。（而且，先别提平时几乎派不上用场的动物学术语集，连日本出版的《岩波生物学辞典》到2006年为止，都没有收录这个词。真是的，搞什么啊！）

　　若将"隐生"一词所包含的现象加以分类，对抗干燥的状态称为低湿隐生（anhydrobiosis），日语又称作"干眠"。也有人用干燥休眠这个词来形容，不过休眠这个词隐含了许多特殊意义，在使用上要特别注意。此外，与低温、高渗透压、无氧等极端环境相对应的隐生方式，分别称作低温隐生（anhydrobiosis）、高压隐生（osmobiosis）、低氧隐生（anoxybiosis）等，每个词都没有固定的日语翻译。

酒桶内到底装了什么?

先把这些咒语般的名词放在一边吧! 干燥状态的熊虫体内, 到底发生了什么事呢?

目前已知其他动物进入隐生状态, 会合成许多海藻糖, 这些动物包括线虫类与甲壳类的丰年虫等。或许有些20世纪70年代的人会怀念当时日本流行的宠物"海猴 (Sea monkey)"吧, 它们就是丰年虫。丰年虫会产下粉状的卵, 卵接触到盐水便会孵化, 可让小朋友们练习养育孵化的幼体。当时我也被包装上的特殊图案吸引 (图38), 兴奋地看

图38　海猴 (Sea monkey)
(资料提供: 天洋股份有限公司)

着粉状卵孵化，不过那时我还不晓得那就是隐生现象。丰
年虫类生物在低湿隐生状态下的卵，现在被当作观赏鱼的
食物。

　　海藻糖是昆虫的血糖（人类的血糖则是葡萄糖），我们
平常没什么机会碰到，不过最近海藻糖常被当作食品添加
物。在低温下，这种糖类可保护细胞不被破坏。

　　韦斯特与拉姆勒乌在1991年指出，在熊虫转变成酒桶
状的过程中，体内会逐渐累积海藻糖。他们的实验结果提
到，熊虫在可步行的状态下，海藻糖占全身的干重比例约
为0.1%，当熊虫转变成酒桶状态，海藻糖则提高到2.3%。
与其他动物相比，这个数字不算大。已知动物中，海藻糖
占全身干重的比例最高可达20%。不过熊虫在转变成干燥
状态的过程中，海藻糖比例的增加幅度非常明显（图39）。

　　单从上文的描述看来，这个实验好像很简单，但实际
的操作过程光想象就令人觉得工程浩大。熊虫实在太小了，
若要进行这样的生物化学测定，一只熊虫绝对不够用。在
测定累积多少海藻糖的实验中，韦斯特与拉姆勒乌他们一
次测定便用了200只熊虫。要画出图39，则需要18根分别装

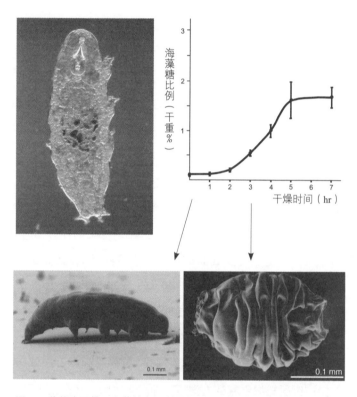

图39　将熊虫干燥，海藻糖会逐渐累积。图为实验所用的熊虫 *Richtersius coronifer*，此为光学显微镜照片（A）与扫描式电子显微镜照片（B与C）。（实验结果节录自Westh, P. and Ramløv, H., Trehalose accumulation in the tardigrade *Adorybiotus coronifer* during anhydrobiosis, *J. Exp. Zool.* 258: 303-311, 1991。照片由R. M. 克里斯滕森教授提供。）

着200只熊虫的微量离心管。换句话说，必需挑出3600只熊虫，而且还必须由野生苔藓中一一分离出特定物种的熊虫。其实若是用模式生物来进行这类实验，在实验材料上即不需担心来源，而且这个阶段的实验还没有必要使用同一物种。即使如此，这样的实验还是相当费工夫。因此，当我看到有些研究拿野生动物来做类似的实验，总是想对他们的研究热情致敬。而且，我似乎想象得到他们用实验结果画出这么漂亮的曲线时，流露出的兴奋与欣喜。（因为实验通常不会得到这么漂亮的结果。有人说结果与预期不同，才是发现的契机。然而事实上，得到与预期不同的结果之后，什么发现都没有而使人更消沉，才是常态。）

　　总而言之，熊虫变成酒桶状，会在体内累积海藻糖，组织内的水分也会逐渐消失。若没有水，许多需要水才能进行的化学反应便会停止。而海藻糖会取代水分进入体内，保护蛋白质与细胞膜的分子形状。熊虫之所以能抵抗外界环境的激烈变化而再次苏醒，大概就是这个原因（请参考第132页的备注）。

变成酒桶前的准备

随着外部环境的变化，生物会改变体内的状态（内部环境），以适应外部环境。但像无水和低温等剧烈的环境变化，熊虫小小的身体难以应付。因此，这类小生物便演化出让自己进入无代谢状态的方法，以应付外部环境的变化。

进入无代谢状态的过程，恐怕不是简单几个反应就能交代完毕的。最先被发现的反应包括排出水分以及累积海藻糖等。另外，有些生物在极端环境下，会合成热休克蛋白，最近有一些研究指出熊虫也有这种现象。体内各式各样的变化，在熊虫干燥的过程中同时进行着，最后才可变成酒桶状态。不过要进入完全的酒桶状态需要足够的时间，这是柯尔蒂和斯帕兰扎尼在他们的研究中指出"干燥过程一定要缓慢"的原因。

很耐干燥的熊虫大多住在苔藓内。即使外部环境迅速变干燥，在苔藓层层相叠的叶状体中，熊虫仍有余裕慢慢进入酒桶状态。那么，熊虫是透过什么样的机制，感知环境正在变干燥呢? 这个机制似乎和神经系统没什么关系,因为在神经系统还没发育完全的胚胎时期,熊虫即有隐生能力。看来似乎是熊虫的每个细胞各自运作,在同一时间一起产生对抗干燥的反应,这或许和渗透压的变化有关,详细机制目前尚待研究。

微波加热

如果把酒桶状的熊虫拿去微波加热三分钟,会发生什么事呢?

如前所述,变成酒桶状的熊虫,体内组织不含任何可自由移动的水分子。微波炉是借由水分子的高速震荡来加热物体,所以不会对不含任何水分的酒桶状熊虫造成影响。如果是正常状态下的熊虫,可能微波数秒就会被煮熟,但如果是酒桶状熊虫,大概什么事都不会发生。

若你觉得这令人难以置信,只要做个简单的实验就知道了。因为我不喜欢做那些看起来像在虐待生物的实验(不如说，我只是觉得麻烦），所以我到现在都没有亲自做过这个实验……虽然我不曾在任何文献看过相关记录，但网络上似乎有很多相关的讨论，看来应该有不少人实际做过呢。

对辐射的抵抗力

有些细菌可以抵抗辐射，因为它们的DNA受到射线辐射即会突变，能迅速修复。1964年，迈的实验结果显示，不只是酒桶状的熊虫可以抵抗辐射，活动状态下的熊虫也可以，最近几年约恩松（Jönsson）也发表了相关的实验报告。由他们的实验结果可知，就算不经过干燥，熊虫还是能抵抗辐射的伤害。看来熊虫不只会利用海藻糖抵抗外部环境的变化，自己也有修复的能力呢。

不过他们的实验结果也指出，熊虫经射线辐射的卵不会孵化。最直接的理由是，卵在细胞分裂活跃的阶段，基因会因为被射线破坏而无法持续分裂。不过，目前仍无足够的实验可证实这一点，还需进一步的研究。

其他厉害的动物

一开始被发现拥有隐生能力的是轮虫与线虫等。此外，苔藓内还有许多的单细胞原生动物，会在适当环境下苏醒、繁殖。不是所有苔藓中都找得到熊虫，相对地，这些比熊虫还早被认定有隐生能力的动物，才真的是"任何苔藓内都找得到"。不过，这些动物却不会成为一般人茶余饭后的话题，也不会被冠上"不可思议""地表最强"等形容词，把它们讲得像传说。如果人们觉得熊虫很厉害，应该也会觉得这些动物很厉害才对啊！（既然如此，为什么只有熊虫出名呢？……当然是因为长得比较可爱吧！）

包括熊虫在内，这些动物都有一个共通的性质——它们很可能在每个发育阶段，都能进入隐生状态，抵抗恶劣环境。

而其他动物，例如先前提到的节肢动物、甲壳类的卤虫胚胎，以及一种叫作沉睡摇蚊（*Polypedilum vanderplanki*）的双翅目昆虫幼虫，也拥有抵抗干燥的能力。不过它们都只在特定的发育阶段可进入隐生状态。

　　沉睡摇蚊是范德普兰克（Vanderplank）于1949年12月在非洲尼日利亚发现的。1951年，欣顿（Hinton）发表了实验资料，说明沉睡摇蚊能抵抗干旱的特殊能力，并记录这个新物种。沉睡摇蚊是"红虫"的近亲，在艳阳下，花岗岩凹陷处的水洼内即可发现它们的幼虫，有时还能忍受40℃以上的高温，继续长大。它们在卵和蛹的时期，环境若变干燥就会死亡，而体长大于2.2毫米的幼虫则可进入隐生状态，度过干旱。沉睡摇蚊是目前已知可进入隐生状态的动物中体型最大的，目前日本的奥田隆团队正努力研究这个过程的分子机制。

　　在系统分类学上，这些有隐生能力的动物，亲缘关系并不相近，故一般认为隐生能力应为各类生物独自发展出来的。

　　地球上有许多地方的环境不适合一般生物生存，然而即使是在那样的地方，仍有极少数的生物栖息，这些生物称作"嗜极生物"。这些生物可说是生物界中最厉害的角色，其中最重要的便是细菌。在辐射、高热、高压、强碱等极端环境下，都有生命存在。在这些生物中，部分物种因为可能对人类有用处而受到重视，其中也有一些生物被做成商品贩卖。

不过我觉得嗜极生物更值得注意的地方是，如果知道这些生物如何在极端环境下生存，或许能进一步了解生物在地球上如何演化至今，了解那些太古时代的细菌是如何把它们的基因与代谢机制一代代传下来，使地球各处都有丰富多样的生物栖息。这就是达尔文《物种起源》（*On the Origin of Species*）最后一页的内容，真是远大的目标啊，不是吗?

120年的传说——事实与谣言

接下来，我来谈谈熊虫在干燥状态下，能活到120年的传说，究竟是否属实吧!

这个说法出现在一本著名的动物学教科书中，且在各家书籍的相互引用下，教生物学的老师也会把这个说法当作教学题材，而我也乐于与其他人分享这个有趣的知识。其实，我刚开始研究熊虫的时候，经常和我在居酒屋碰到的其他客人谈这个话题谈得口沫横飞呢。

然而不可思议的是，在各文献中，我都找不到相关资料。通常这种重要信息都会注明是出自哪一篇论文，像这样完全找不到出处是相当罕见的事。似乎不只有我这种初学者有这样的疑问，2001年，约恩松与贝尔托拉尼（Bertolani）发表了一篇以此为主题的文章，标题为《熊虫长期生存能力的真相与谣言》［Jönsson, K. I. and Bertolani, R., J. Zool.（Lond.）255: 121-123, 2001］

若我们想研究苔藓的标本，会把干燥的苔藓标本放入水中，使其形态恢复原状再观察，这么做也会使那些与苔藓一起干掉的小动物们，吸收水分并苏醒。因此，就算研究结果显示熊虫在干燥状态下可以活数年，也不代表这个实验计划真的长达数年之久，而是由上述经验推论而来。熊虫在干燥状态下可活一百年以上的"传说"，便是在这样的情况下提出来的。

唯一一篇称得上是参考文献的，是某篇于1948年发表的意大利论文。弗兰切斯基（Franceschi）从一个120年前的苔藓标本里发现了大量熊虫。不过这篇论文并没有提到她是否有观察到苏醒的熊虫，里面只有写："浸入水中的第12天，有一只熊虫的附肢微幅地伸缩摆动。这和一般吸水膨胀的情形不太一样，或许它还有些微的生命迹象。"

《熊虫长期生存能力的真相与谣言》并没有提到究竟是谁编造了谣言，但可以确定的是，有某个研究者曾写下"干燥保存了120年的苔藓标本加了水，能看到苏醒的轮虫与熊虫（但数分钟后便死亡）。"

但我觉得，和这种"寻找犯人"的行动比较起来，还有更重要的事值得注意——不先查证这些证据薄弱的谣言，随即散布出去的不是别人，正是我们这些教生物的老师，我们必须有所自觉才行！科学界与教科书上的知识，其实包含了许多谣言。

熊虫究竟可以活多久？

120年的传说调查暂告一段落。圭代蒂（Guidetti）与约恩松想知道熊虫究竟可以活多久，于是再次调查博物馆的苔藓。

　　他们借到最古老的苔藓标本是139年前的。把这些标本浸入水中，出现了许多住在苔藓内的小生物，它们吸水膨胀成原来的样子。听到"出现"的字眼，可能会令人想到生物大摇大摆走出来的画面。请注意，不要被这些不切实际的想象误导。依据他们的研究，别说是一百年以上的标本，连十多年前的标本都没有小生物苏醒。成功苏醒的例子中，最古老的标本是九年前制作的，是一个刚孵化的胚。

　　不过话说回来，为了防止昆虫伤害馆藏标本，博物馆会定期烟熏处理。他们考虑过这是否会影响熊虫的低湿隐生状态，此外他们也讨论过杀虫剂的影响。他们做了一个实验，将保存了11个月的苔藓，以溴甲烷烟熏70个小时，但仍有熊虫苏醒。虽然我们还无法肯定烟熏会不会影响到苔藓的保存，但可以确定的是，烟熏对干燥的熊虫并不会造成太大的影响。（这里所使用的溴甲烷，在1987年的《蒙特利尔破坏臭氧层物质管制议定书》中，被指定为会破坏臭氧层的物质，2005年1月以后，禁止已开发国家制造。但现实中仍找不到适合的替代品，故直到本书原版出版的

2006年仍在使用，日本也不例外。）

　　因此，至今保留下来的记录中，保存期限最长且成功苏醒的例子是鲍曼在1927年的实验，他从保存了七年的苔藓中找到苏醒的熊虫。此外，一如前文提及的，在保存了九年的标本内，亦有胚胎成功苏醒并孵化。在格陵兰境内，半年都处于冰封状态的地区，也发现了熊虫的踪迹。有报告指出，这些熊虫在冰封状态（而非干燥状态）下，保存了八年以上。

　　就我自己研究酒桶状缓步米氏熊虫的经验而言，在室温下保存一周还可以，一个月也撑得过去，但放入冷藏库（4℃）三个月以上就有点危险了，不过，如果是冷冻处理便能撑得比较久。我研究室内有个古老的家庭用冷冻库（约-15℃），保存于其中的酒桶状缓步米氏熊虫经过三年两个月，于2005年3月，在日本御茶水女子大学密集课程的公开实验中，成功苏醒了。这是目前我亲手做过的实验中，保存最久的记录。

　　当然，在自然环境中，熊虫的干燥状态不会维持那么久。马库斯推论，若持续低湿隐生、苏醒的循环，熊虫应可活到60年以上，然而没有人能确定这是否属实。拉姆与某些研究者认为，时而进入低湿隐生状态、时而苏醒，对熊虫来说是必要的行为。换句话说，熊虫或许不是为了忍耐干燥而进入低湿隐生状态，反之，偶尔进入低湿隐生状态对熊虫有益，就像人们偶尔会放松一下。举例来说，周围环境变得干燥，便能抑制苔藓内的细菌增殖，使栖息环境焕然一新，这对熊虫来说可能是有益的。不过变成酒桶状，必须投入相当多的能量，而且若是失败就会变成干尸。因此，变成酒桶状对熊虫的健康是否有正面的影响，目前仍无定论。

我个人有时会想象，那只编号16的熊虫（参考第50页）会不会一边喊着："真是的，给我差不多一点！让我好好睡一觉好吗！"一边爬到水面上呢……

熊虫基因组计划

或许有不少人在网络上看过这个听起来很响亮的计划。

以前我出作业给学生，请他们交一份与熊虫相关的报告，有很多学生会将网页内容扫过一遍，然后在报告中提到"熊虫基因组计划正在进行中"。那时这计划还只是个梦想。就像我先前提过的，自从人们发现了熊虫，对于它们的隐生能力便很感兴趣，因此自然会想到它们的基因是否有什么秘密。

基因组指的是生物拥有的一整套基因。在研究整套基因组之前，研究者们已经研究过许多熊虫的特定基因。举例来说，熊虫的"酒桶状态"与热休克蛋白质的相关研究，并不是测定蛋白质的量，而是观察基因表现的变化。目前人们也在研究海藻糖相关酶素的基因。此外，为了对熊虫做完整的系统性分析，基因序列的解析也在进行中。

2006年开始流行基因组的研究，让熊虫基因组计划再也不是梦想，而是在可预见的未来便能实现的计划。事实上，爱丁堡大学的线虫研究团队研究完线虫，便打算以熊虫为研究对象，数年前便开始搜集熊虫的基因信息。不过由于他们搜集的是已知的基因信息，所以还称不上"基因组计划"。他们曾在2003年于美国佛罗里达州举行的第九届国际熊虫研讨会上发表了一部分研究成果。

目前熊虫的基因研究正在加速进行中[1]，在我们分析完熊虫的基因后，又会有什么新发现呢？可以找出隐生之谜吗？我认为，这个谜题没那么容易解开。不过随着熊虫基因组计划的进展，我也兴奋了起来。与奇虾这种奇怪生物可能有亲缘关系的熊虫，究竟会写下什么样的历史呢？

分子vs形态

2006年的日本生物学教科书，其中的亲缘关系树与以前的版本不同，多了"蜕皮动物"（ecdysozoa）这个分类。这是以那几年得到的碱基序列为基础，所推测出来的结果。线虫与昆虫的形态完全不同，但根据分子结构的分析，可将它们分在同一类生物。那么，它们有什么共同点呢？你第一个想到的，大概是它们都会"蜕皮"吧。生物的分类树中，原口动物可分为熊虫所属的"蜕皮动物"，以及胚胎在发育初

1　编注：截至本书中文版出版，来自英国、日本等国的几支科研团队已经对两种熊虫进行了完整的基因组测序。

期会经过担轮幼虫阶段的"冠轮动物"。这种分类方式与过去依照体节的性质，将节肢动物与环节动物分在同一类的分类方式有所不同，越来越多的教科书采用了这种新分类方式。

　　不过，一个物种是否属于"蜕皮动物"，并非依照这些动物是否会"蜕皮"来决定，蜕皮一词其实是后来加上去的。而且，属于冠轮动物的环节动物中，也有某些物种会蜕皮。（顺带一提，蛇和蜥蜴也会蜕皮。）

　　关于蜕皮，已有相当多人研究过节肢动物，特别是昆虫蜕皮激素的调节机制，但其他动物（当然包括熊虫）的研究则很少，或可说几乎没有。若要用蜕皮现象来为生物分类，从系统发生学的角度来看，必须调查蜕皮在各种物种间的同源性，而目前相关的资料过少，不足以得出结论。反过来说，若要以"是否蜕皮"作为分类的依据，还需要相当多的研究结果来支持。

　　以碱基序列为依据的分类方式，与传统以形态记录为依据的分类方式，常会有不一样的结果，而得到不同的结果，可能表示有什么细节之前没注意到。这么一来，或许有些人会觉得，以分子为依据、以形态为依据，是对立的分类方式。虽然这样的想法大致上没错，但请想象一下实际的研究现场。当我们要分析生物分子时，需从样本取出，并读取它的碱基序列。这些生物样本必需采自野外，并确认我们采集到的样本是我们要的物种，才会开始分析。因此，若我们想研究某种熊虫，必须先知道它的形态，才能确定我们采集到的是我们想要的物种。而"确认"这个步骤的难度相当高，需要丰富的经验与直觉。

所以，即使分析某生物分子，目的是要找出它们在形态学分类上的谬误，一开始还是需借助形态学的知识与经验，才能进一步分析。

屋檐上的苔藓

谈完了规模庞大（或说耗资庞大）的基因组计划，我想来谈一些我觉得相当有趣的话题。

柯尔蒂与斯帕兰扎尼皆曾在屋檐排水管内的沙子中找到熊虫。一般认为这是因为熊虫住在屋檐上的苔藓内，被雨水冲离苔藓，干掉并混在沙子里。杜瓦耶尔也在缓步米氏熊虫的研究论文里写道，这些熊虫来自屋檐上的苔藓。一想到这些脚底一滑的熊虫大喊："哎呀！"然后被冲走的画面，我就觉得相当有趣。格雷文（Greven）曾拍摄两种在苔藓叶状体上步行的熊虫，研究叶状体的构造与熊虫的行走方式（图40）。

接着来看看顶楼吧。为了对抗热岛效应，最近都市的顶楼常见到人工栽种的植物。请想象一下，没有这些刻意栽种的植物，顶楼原本的样子。乍看之下似乎什么也没有，但仔细一瞧便能找到各个角落的苔藓，而苔藓内有熊虫。这些熊虫是哪里来的呢？

为什么顶楼会有苔藓呢？八成是因为孢子被风吹，着陆在顶楼吧。不过即使是"酒桶状"熊虫，也不太可能像孢子一样被风吹来吹去。我也难以想象会有原本在地面上的熊虫，以爬到高处为目标，在下雨天慢慢地一步一步往上爬。虽说如此，没有任何研究资料证明被吹到空中的"酒桶状"熊虫到底有多少。说不定这些"酒桶状"熊虫就像四处飘散的花粉，到处飞舞呢。

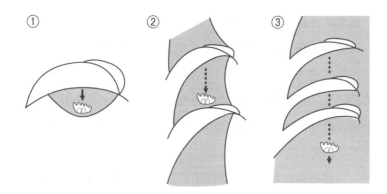

图40　当附着在苔藓上的水滴逐渐变大，脚滑掉的熊虫便无法回到叶状体上①，若水量再增加，熊虫便会掉到下一个叶状体的表面②，熊虫就这样一层层往下掉③。

〔取自 Greven, H. and Schüttler, L., How to crawl and dehydrate on moss, *Zool. Anz.* 240: 341-344, 2001。经过重绘。〕

太空旅行的熊虫？

在空中飞舞的"酒桶状"熊虫，能不能在太空中旅行呢？

从酒桶的耐力来看，只要着陆地有水，熊虫即有机会熬过太空旅行，并成功苏醒。此外，目的地要有食物……

如果将苔藓的孢子与细菌等，和熊虫一起送上太空，来一趟太空旅行，或许是个值得期待的计划。在地球上，酒桶状的熊虫寿命不到百年，但太空的温度为−270℃超低温，而且没有氧气，这样的条件对酒桶状熊虫来说搞不好是最适合的。不过，经过宇宙射线的洗礼，就算熊虫再次苏醒，也无法确定它是否有繁殖能力。

有人认为熊虫是从外层空间飞来地球的生物，但为什么会有这样的谣言我就不得而知了，可能是弗朗西斯·克里克[1]所支持的"生命来自太空"（定向泛种论）与熊虫传说结合所产生的说法。先不论目前地球上的熊虫是不是从外层空间飞过来的，过去地球被巨大陨石撞击时，是否有"酒桶状熊虫"被弹到太空呢？这个可能性明显比熊虫飞来地球大得多。

未来确实有可能让熊虫来一趟太空之旅。作为隐生研究的一环，研究者们想将"酒桶状熊虫"放入火箭送上太

1　弗朗西斯·克里克（Francis Crick，1916−2004），英国生物学家、物理学家及神经科学家。

空，以观察其变化。相关计划正在进行中。

备注（2013年）

缓步米氏熊虫的学名：日本的缓步米氏熊虫至少可分为三大类，不管是哪一类，皆与缓步米氏熊虫（*Milnesium tardigradum*）有差别。至2006年为止，三者皆无学名。

酒桶状熊虫的耐压力：日本小野团队2008年的研究结果显示，熊虫约可承受7500兆帕的压力。

关于海藻糖：缓步米氏熊虫与蛭态轮虫皆不会累积海藻糖。至于缓步米氏熊虫如何改变分子的形态，进而变成酒桶状，仍是未解之谜。

太空的熊虫：2007年9月，熊虫被送到地球轨道上。经过一连串艰苦实验过程的酒桶状缓步米氏熊虫被拿到宇宙飞船外，直接接受太阳辐射，并没有全部死光，有几只个体活了下来。

后 记

2000年1月4日，大学校园的石造建筑在寒假时显得更冷清。我一个人在静谧的研究室里，思考一件事情。

"我想观察更奇怪的生物！"

并不是说我当时的研究题目"昆虫精子的形成"不有趣，而是在那个冷冰冰的研究室内，我突然有种想看熊虫的冲动。

我第一次知道熊虫这种生物，是在大学刚入学时买的海岸动物图鉴，里面有一张矶棘熊虫的插图（图41）。这张图给人一种不可思议的感觉，让我不自觉开始思考，这种生物真的存在吗？然而我一直没有看到熊虫实体的机会，于是好几年来都没有再想起这件事。不过在我心中的某个角

图41　我第一次看到的矶棘熊虫插图。
[西村三郎、铃木克美《海岸动物（标准原色图鉴全集16）》，日本保育社，1971]

落，似乎一直有想要一睹熊虫真面目的渴望，希望有一天真的能看到它们。

　　真正看到熊虫的庐山真面目是十多年后了。在日本庆应义塾大学的日吉校区时，研究海蜘蛛的宫崎胜己先生（目前在京都大学濑户临海研究室）让我看他在苔藓中找到的熊虫。原来这就是熊虫啊，这东西既可爱又有趣耶！（当然，海蜘蛛也蛮有趣的。）

　　虽然那时我非常兴奋，却还没到换掉研究题目的程度。不过经过了很长一段时间，在20世纪末的新年期间，我似乎听到了某个呼唤我的声音，于是有一天跑上了顶楼找苔藓。

　　大学校舍的顶楼上到处都长着苔藓。把这些苔藓放入水中，或许会有熊虫跑出来吧！我兴致勃勃地用显微镜观察。可惜的是，那天没能见到熊虫。不过我看到了大量轮虫、线虫、纤毛虫等小动物，又惊又喜。冬天顶楼上那堆快干掉的苔藓中，居然有这么多生物栖息着！虽然我早就知道这些生物的存在了，但实际看到，仍在心中留下前所未有的强烈印象。太厉害了，太有趣了！

在那之后的第三天，我与熊虫相遇了，它就住在研究室附近的苔藓内，接着我便一头栽进熊虫的观察。在看到熊虫的当下，我实际感受到，地球的每个角落真的都有生物存在啊。

接触新的研究主题，对研究者来说第一个要做的，就是寻找相关文献。不过，市面上几乎找不到与熊虫相关的日语书籍。一开始，我只能依赖有点年代的《动物系统分类学》。日吉校区的图书馆还有其他提到熊虫的书籍，不过讲到"与人类的关系"，都只用"无"带过。这些书是由英语书籍翻译而成的，我回去看原文书的文字，它指的应该是熊虫"无"经济价值。或许是这个原因，在英语圈很难找到熊虫的相关书籍。还好，我有找到一本1994年出版的《缓步动物生物学》（Kinchin, I. M., *The Biology of Tardigrades*, Portland Press, 1994）。我马上购入这本书，在大学讲师相当繁忙的学期末，每天都很开心地阅读着。

之后，我每天都有许多有趣的发现。对研究者来说，"有趣"便是工作的原动力，观察苔藓间隙的世界，所看到的各类生物，让我乐此不疲。另外，寻找文献，让我像回到几百年前的世界一样，因为在近年的文献内找不到熊虫的资料，只好往回找。我一直追寻着目标，不知不觉手上拿的就变成很久以前的文献了。

我在六年前那个寒冷的冬天突然想观察熊虫时，完全没料到我现在会写一本关于熊虫的书。我正在丹麦哥本哈根的博物馆写着这本书的原稿，把我带到这个城市的也是熊虫。我现在就在这里研究海生熊虫的卵如何形成。

提到熊虫，人们通常会把焦点放在神奇的隐生能力。至于熊虫实际上是过着什么样的生活，我们所知仍相当有限。当我产生写一本熊虫书的想法时，我想写的其实是关于熊虫生活方式的书。虽然最后的确有提到一些，但怎么看都像是为了自我满足而写出来的描述。不，因为还有太多我不了解的地方，所以连自我满足都称不上吧，再说我连"白熊"的正式学名都不知道。

这本书有许多主题并没有详细说明，特别是有关于隐生的分子机制，以及遗传信息的相关研究。但相关研究今后应会进展得相当迅速，数年内可能就会得到意想不到的结果，就让别的研究者在别的书里说明吧！我写这本书的主要目的是整理古往今来的所有研究与传说，我觉得这样应能划清传说与事实的界线。此外，我也尽可能介绍了经典文献的插画，例如米勒与迪雅尔丹的熊虫插图等，除了原书，这些图应该是第一次出现在科普书上吧！

我在本书写作过程中，得到许多人的帮助，特别是爽快答应让我使用照片与图片的 D. R. 内尔松与 R. M. 克里斯滕森两位教授；提供马库斯相关数据的克劳斯·尼尔森教授；帮我从博物馆图书馆找出珍贵古典文献的管理员汉努·埃斯珀森先生。感谢你们的协助。与我在博物馆同一间研究室内观察熊虫的研究生们相当有活力，激发了我的研究热情。此外，让我能远离教学事务，像熊虫般悠悠哉哉跑到国外游学写稿的日本庆应义塾大学，以及生物学教室的成员们，我由衷感谢你们。最后，催生这本书的日本岩波书店盐田春香小姐（以及熊虫后援会的诸位），感谢你们的热情。

　　有人说，目前地球上的生物物种正以难以想象的规模迅速消失。对大型脊椎动物和绿色植物这种与人类关系较密切的生物来说，这样的说法的确没有错。不过像熊虫这样，每年被发现的物种数量还在持续增加的生物，也不在少数。换句话说，许多物种至今仍未被人类发现。认真算下来，其实地球上到处都有我们未知的生物呢。对人类来说，地球环境正逐渐恶化，而对大多数的脊椎动物来说应该也是如此。然而，对那些种类繁杂的细菌，以及熊虫这种微小生物来说，地球环境目前是否在恶化，我们仍无法确定。

　　过去，人们认为熊虫与人类"无"任何关系，而对熊虫来说大概也是如此吧！就算人类经济活动对地球环境的破坏再严重，对熊虫的生活应该也没有多大的影响。就算人类灭亡，熊虫一定也能继续留在地球上，悠悠哉哉地漫步吧。

　　　　　　　　　　　　　　　　　　铃木忠

附　录　观察住在苔藓上的动物

最方便的观察对象，就是随处可见的苔藓。"咦？要观察这么无聊的东西吗？"或许有人会这么想。但即使是干掉的苔藓，浸水仍会冒出许多小生物喔。这些生物与熊虫一样，都是能忍受极端环境的物种。只要多看几个样本，一定有机会与熊虫相遇的。

必备器材

熊虫很小，所以需要用立体显微镜观察，还在上学的朋友们，请和你们的生物老师借吧！显微镜和实验器具的资讯，皆可在网络上找到。

将培养皿放在这里

立体显微镜

放大倍率比光学显微镜低一点，但可以观察有厚度的样本，很适合用来观察熊虫这种小型生物。价格约 2~3 万日元（约合1200~1800 元人民币）。

培养皿

将苔藓泡在加水的培养皿中，以方便放在显微镜底下观察。

方便观察的工具 ──────────────────

光学显微镜与载玻片
放大倍率比立体显微镜高。若在立体显微镜底下看到想观察的生物，可改置于光学显微镜底下仔细观察。

镊子
可夹取苔藓，也可以用筷子代替。

滴管
吸取想要观察的生物。

────────────── **可能观察到的小生物**

线虫小伙伴

原生动物小伙伴

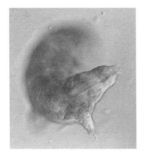

熊虫小伙伴

轮虫小伙伴

可能还会出现其他生活在土中的小生物喔。

观察步骤

这里介绍的是最简单的观察方法。你也可以自己研究新方法喔！

1　采集苔藓

采集路边的苔藓，干掉的苔藓内有很高的概率可以找到熊虫。

2　泡在水中

将采集到的苔藓放入培养皿，加水静置30分钟以上（或隔夜）。

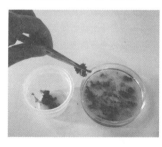

3　取出苔藓

将苔藓拆成小块，会有许多小生物掉出来。为了不影响观察，请将大块苔藓取出。

4　寻找熊虫

用立体显微镜（放大约20～40倍）仔细搜寻。

进一步观察……

取出熊虫
用滴管吸取熊虫或其他想观察的生物，移至另一个容器仔细观察。如果有光学显微镜，可把熊虫移到载玻片上，用高倍率镜片观察。

载玻片　　琼脂

观察酒桶状
将琼脂滴在载玻片上待其凝固，再将熊虫置于上面，便可用光学显微镜观察熊虫逐渐变成酒桶的样子。

来记录不同位置的苔藓含有什么样的生物吧！为住在你家附近的小生物制作一本户口名簿，很有趣吧！

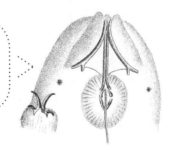

图书在版编目（CIP）数据

地表最强熊虫：不可思议的缓步动物／（日）铃木忠著;
陈朕疆译. — 北京：商务印书馆, 2020
ISBN 978 － 7 － 100 － 17255 － 4

Ⅰ. ①地…　Ⅱ. ①铃…②陈…　Ⅲ. ①缓步动物 —
普及读物　Ⅳ. ①Q959.1-49

中国版本图书馆 CIP 数据核字（2019）第060550号

地 表 最 强 熊 虫
不可思议的缓步动物

〔日〕铃木忠　著

陈朕疆　译

商 务 印 书 馆 出 版
（北京王府井大街36号　邮政编码 100710）
商 务 印 书 馆 发 行
山 东 临 沂 新 华 印 刷 物 流
集 团 有 限 责 任 公 司 印 刷
ISBN　978 － 7 － 100 － 17255 － 4

2020年2月第1版　　　开本787×1092　1/32
2020年2月第1次印刷　　印张5¼

定价：55.00元